建筑动画的视觉语言

薛巍 孙志新 主编

中国建筑工业出版社

图书在版编目（CIP）数据

建筑动画的视觉语言 / 薛巍，孙志新主编 . —北京：
中国建筑工业出版社，2021.6
ISBN 978-7-112-26250-2

Ⅰ.①建… Ⅱ.①薛… ②孙… Ⅲ.①建筑设计—计
算机辅助设计 Ⅳ.①TU201.4

中国版本图书馆 CIP 数据核字（2021）第 115760 号

本书旨在介绍建筑动画研究的方法与技巧，以及动画包装或项目方案展示时涉及的问题和解决办法。通过图示和解析形式的组合，辅以相对应的建筑动画技巧及方法进行说明，读者阅读和学习后能够快速地了解并进行设计。全书分六章，主要内容包括：绪论；建筑动画的视觉元素；建筑动画的艺术表现；建筑动画剪辑与合成；强化镜头语言在建筑动画视觉应用中的效果；案例分析。本书可供建筑动画设计人员、方案设计人员以及高校建筑专业学生等参考使用。

责任编辑：辛海丽 刘瑞霞
责任校对：李美娜

建筑动画的视觉语言
薛 巍 孙志新 主编
*
中国建筑工业出版社出版、发行（北京海淀三里河路 9 号）
各地新华书店、建筑书店经销
逸品书装设计制版
临西县阅读时光印刷有限公司印刷
*
开本：787 毫米 × 1092 毫米 1/16 印张：12¼ 字数：218 千字
2021 年 7 月第一版 2021 年 7 月第一次印刷
定价：**118.00** 元
ISBN 978-7-112-26250-2
（37688）

前言

有一种建筑语言能够超越空间、穿越时间、跨越国界、全人类通用，它就是建筑动画。建筑动画如此有力，使得所有的建筑动画创作者都认为它是一种真正的语言，是一种无国界的通用语言，它直接作用于人的感官，使人产生共鸣，心灵为之感动。建筑动画可以说是在建筑表现中最直观的艺术，也是最难实现的艺术之一，这似乎是件矛盾的事情。其实它和电影艺术道理相同，就像制作电影一样，通过我们想象每个画面，最终在脑海中有个动态的画面，但是我们无法轻易地将这些脑海中动态的画面转换为大家都能看得见的动画。

本书旨在帮助我们解决这个问题，特别是在室外建筑动画方面，目的在于探索摄像机前的三维空间，以及它和屏幕上二维空间之间的关系，这是建筑动画工作者必须钻研的两个媒介。场景和模型是一种有意识的被创造的空间设计，而所创造出来的画面，性质则和传统平面设计相仿。它由构图、色彩、光影、路径、镜头、环境、空间、景别等视觉元素构成，它们优美的表达，组成了复杂、有趣的建筑动画交响乐。

本书编写的思路是，通过图示和解析形式的组合，辅以相对应的建筑动画技巧及方法进行说明。建筑动画不像电影一样已被深入研究，它可以说是最少被了解和研究的动画艺术之一。在本书中，建筑动画不仅可作为指导性的工具，而且可以帮助读者运用相关方法来表达具体内容。在本书中，你可以找到许多视觉问题的解决方法，以及一些能帮助我们处理建筑动画问题的方法。本书像百科全书般地呈现着建筑动画研究的方法和技巧，虽然我们希望这部分能够详细，但它不适合被看作一本能够固定解决问题的手册。借着展示和讨论这么多耳熟能详的方法，如构图、光影、色彩、镜头的调整等，我们的主要目的其实是积累经验，正如电影工作者在拍成千上万的镜头后，所获得的经验一样。任何一种表达方式，对于创作力来说都是一种独特并有回馈的挑战。在本书所举的例子中，都是表达我们个人的看法，而非陈述不争的事实。本书所提的例子，只是在鼓励你发挥个人的方法。当你面对一个复杂的建筑动画设计时，你将拥有自己解决问题的能力。

除了设计建筑动画场景外，还有很多可以包装的特效方法，学习组合动画和以动画的方式陈述理念，是培养批判性眼光和建立建筑动画视觉语言最好的方法。我们的经验是，只有勇于创新的设计，才不会被传统技巧束缚手脚。

并非每个建筑动画和场景都需要分镜头，或是详细的脚本，建筑动画有它独特的理念和技巧，它包容任何建筑动画工作者的偏好。建筑动画创作中并无对错，这些取决于创作者和观者的审美意识。对于我们而言，一个建筑动画场景的设计，就像写作一样，有开篇结尾的渐入渐出，也有中间激荡的转折，这也是我们创作建筑动画的乐趣。

为什么会写这本书

这是我们的第一本建筑动画方法论的书籍，我们不仅是编著者，还承担企业管理者、项目负责人、项目实操者等角色。所以，我们关注的不仅仅是文字本身，还会仔细考虑建筑动画的背景及流程、视觉元素构成、摄像机路径、光影效果、创意设计以及包装输出等方法研究。此方法是我们经过大量的实际项目案例操作总结出来的，在正文开始之前让大家提前知晓此书关于此方面的方法，通过本篇来判断本书到底是否适合自己。毕竟，时间是最宝贵的东西。

建筑动画行业近几年发展特别快，但还有很多方面存在不足，如下所述：

建筑行业内的一些不是建筑动画工作者的同仁，可能因为工作需求或者个人兴趣，也需要了解一些建筑动画的方法论，现在市面上关于建筑动画的书籍内容大部分都是关于软件实操方面的，讲了太多操作细节。

对于设计院、施工企业或者高校等相关人员，在实际操作项目有涉及需要包装或方案展示时，也许是老板、项目负责人、设计师、运营、宣传等，他们如何快速学习当下所需，用最短的时间了解此工作？

想了解建筑动画或者已经有一定基础的操作者，不管是在项目实际操作过程中，还是在项目结束后，都会遇到大大小小的问题不知道如何解决，或者无法判断哪种方法是对的，又难以从众多资料中找到真正适合自己的方法论的书籍。

很少有一本总结建筑动画方法论方面的书籍，是真正地在总结实际项目操作中的方法，而不是判断对错。做完一件事情有很多方法，而本书就是在研究及总结其中每种方法给大家带来不同的视觉效果，它不只是对做建筑动画项目有用，对职场人士都有帮助，甚至可以指导我们生活中的方方面面，尤其是摄像及审美方面。

目录

第6章

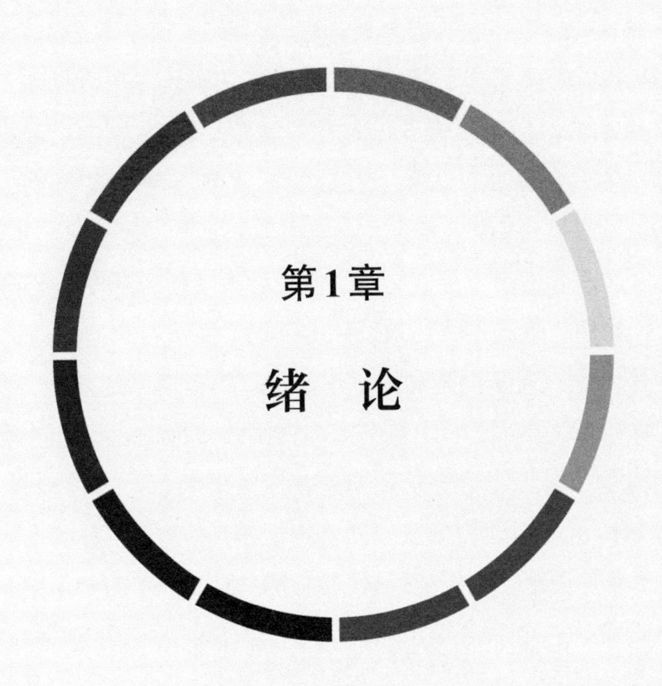

第1章 绪论

1.1 建筑动画概述

动画是一门集视觉与听觉于一体的艺术形式。它从远古开始萌芽，一直到现在发展出丰富的视听形式，经历了漫长的过程。动画起源于人类用绘画记录和表达动作的愿望，伴随着科学技术的发展，在建筑行业中逐渐形成全新的艺术表现形式——建筑动画。

建筑动画是一种综合的艺术形式，是工业社会人类娱乐活动的产物，它是以计算机为操作平台，利用三维图形将建筑设计的创作意图进行表达，通常给观者一种动态虚拟空间的体验感，建筑动画利用了建筑学、图形学、图像学、镜头、色彩、灯光、构图等一系列相关技术，将电影艺术与动画艺术进行完美地结合，把建筑设计作品进行动态演示、虚拟表达等一系列的技术效果展示。建筑动画主要是基于计算机上的技术创作，利用计算机技术制作出虚拟的三维建筑空间，并根据实际需要及实际的地形条件虚拟三维模拟场景，并针对建成后的三维场景进行路径、灯光、色彩、构图等设计，之后渲染出相应图片序列帧，并最终将序列帧进行合成的影像。

随着数字技术的快速发展，数字艺术也充满了朝气和活力，运用计算机图像处理技术和三维数字艺术的合成，从三维的角度把建筑形象更直观地呈现，将建筑形象以及周边环境进行全方位展现。这使得整体建筑设计方案按照创作者的想法更方便、快捷、灵活、完美地演绎出来，从而达到一种视觉语言上的真实感，让观者在观看建筑动画的过程中产生身临其境般的直观感受。

1.2 我国建筑动画的发展现状

1. 建筑动画快速发展，呈现出蓬勃态势

建筑动画第一次作为特定名词出现在20世纪80年代，经过几十年的发展逐渐走向成熟。受客观因素的影响与推动，特别是近几年逐渐兴起的软件开发及硬件优化，加快了建筑动画的发展，实现了三维物体造型到虚拟动画创作技术的转变，已经不仅仅局限于简单的几何图形构建，还可以同时完成复杂建筑图形的绘制及设计。此外，建筑动画的模型展示也实现了静态到动态的跨越，可以模拟复杂的现实场景，实现建筑动画多个领域的开发与应用，无论是内容还是表现形式方面都呈现多样化。一方面表现为建筑地理位置、建筑外观设计、建筑内部构造、周边建筑配套等常见内容；另一方面更形象生动地展示季节变化等动态效果，为建筑表达提供了多元化的视觉感受。从建筑动画的应用领域我们也可以看到建筑动画的蓬勃发展态势，最早的建筑动画适用于房地产开发等对外宣传效果，目前建筑动画在建筑方案、项目汇报、项目竞赛、古建筑复原及环境恢复等方面的作用也日益明显，赢得了更广阔的发展空间，从而进一步蓬勃发展。

由于近几年房地产业的迅速发展，建筑动画更趋于商业化和行业化，导致建筑动画的市场比较混乱，并且多数建筑动画的表现较为模式化，很难在表现形式上提升到一个新的层次，所以也就很难表达创作者倾注其中的设计理念与设计情感，更难给观者留下深刻的观后印象。作为建筑表现的新形式，建筑动画不仅依靠数字技术这一平台的支持，同时也要以多种灵活的艺术表现形式呈现出来，它的创作涉及多个领域的知识。建筑动画作为一种视觉艺术的表现，要求创作者不仅仅要把建筑形象简单地表现出来，还要通过灵活的艺术表现手法更好地将建筑形象和创作者的设计理念生动地表达出来。

技术与艺术的融合是相辅相成、相互促进的，艺术的注入不仅开拓了技术的发展空间，也丰富了艺术的表现形式，拓展艺术家的创新思维，并引领大众的审美观念向更高层次发展。

2.模式固化，创新不足，急需改革

建筑动画虽然呈现出蓬勃发展的趋势，但是建筑动画市场也一度出现混乱，部分建筑动画从业人员缺乏基本的建筑动画操作技能，使得建筑动画始终停留在电脑三维技术的展示上，缺乏深入的创新与改革，此外建筑动画市场缺乏完善的管理措施与指导规范，很难保证其质量是否符合标准。受经济利益的驱动，市场上小型建筑动画设计公司层出不穷，建筑动画流于形式，采用固定的模式与套路，难以获得较大的创新性发展。本身建筑动画在创作上具有一定的复杂性，一方面需要耐心，另一方面需要创新。大多数建筑动画设计团队将重心放在了项目的数量上，单纯追求数量与经济利润，忽视了对建筑动画质量的改进与把握。

1.3 建筑动画的优势

建筑动画是为了表现建筑项目以及配套环境价值的存在，它能使人在建筑方案阶段进行沉浸式体验，也能作为乙方与甲方项目沟通的纽带，它的制作可以依附现实中对实地考察的设计和整体建筑的规划结合设计出一个虚拟动态空间，另外建筑动画还可以跟随创作者的意向调动观者的体验感受，有目的性地指引观者接收创作者想要表达的内容。如一个楼盘项目重点想要表达小区品质，那么在制作建筑动画的过程中，创作者就要着重引导观者的注意力到小区外部周边环境及配套设施，再由外到内地展示景观小品搭配，并可以多体现一些细节表现的部分，所以建筑动画在推广、销售、竞赛及与甲方交流上都有独特的优势。

（1）直观性。建筑动画与传统的二维图纸相比，其直观性不言而喻。传统的建筑效果图很难从各个角度来展现整体建筑环境以及周边配套情况，如果效果图什么都想强调的话，那该效果图就没有重点，对于一幅图来说就没有层次关系等，而建筑动画则可以直观地表现整个建筑项目的全貌，并且大到全景、小到特写，这样进行大小画面对比，可以让动画更加生动。观者对动态画面的专注程度远远高于静态画面，这个特点也使得建筑动画更能在这个时代站稳脚跟。

（2）引导性。建筑动画在表现建筑语言烘托整体气氛上更是有其特殊的优势所在，它不但可以很灵活地表现建筑结构、空间关系、整体规划，更能通过视觉语言的手法引导观者的思维，将焦点指引到创作者想要表达的内容上来，如想要表达建筑的宏伟与壮观，可以采用仰视角度创作，这样渲染出来的画面给人严肃庄重的感觉。

（3）多维性。建筑动画不仅有冲击感的画面，听觉元素也是观者接收信息的一个途径，这样在视觉与听觉的双重引导下更大程度地丰富了建筑动画的表现感。

（4）可塑性。建筑动画具有很高程度的自由性。因为建筑动画不受现实空间的束缚，通过创作者主观的设计，结合3ds MAX、After Effects、Vegas等软件可以十分方便地辅助创作者实现创作理念，尤其是建筑方案阶段，通过及时修改一些方案，能够为设计人员提供很大的便利。

1.4 建筑动画制作流程

建筑动画制作流程一般分为四部分，分别是方案策划、模型制作、镜头设计、后期处理。

（1）方案策划。项目开始制作之前有大量的准备工作，如与客户信息的沟通、列出项目实施计划、动画脚本制作、动画人员工作分配等。根据动画项目类型不同，还会制定相应的实施计划，并结合动画项目本身的项目规模、类型、特点、亮点来准备相应的资料及素材，其中的资料包括动画项目脚本思路、脚本方案、项目技术应用资料以及一些相关实景资料等，策划书中还应该包括动画时间、镜头类型、动画风格等元素，策划书制作完成后需要与甲方商定后再开始动画制作。

（2）模型制作。模型包括建筑模型和场地模型两部分，在模型制作时需对照相应的设计图纸进行建模，在建模过程中，一定要严格按照图纸尺寸、高差关系等元素将模型建在一起，不能对建筑模型进行自我删除和添加。有些镜头拍不到的区域可以适当减少模型的建模数量，周边配套环境的建筑模型可以用体块来代替，一是为了节约建模时间，二是为了节约后期渲染速度。

（3）镜头设计。镜头设计分为摄像机动画、场景制作、参数设置、镜头渲染四部分。镜头要根据策划书脚本中的分镜头画面进行制作，要综合运用推、拉、摇、移等镜头语言，力求通过镜头来全面展示建筑项目的美感及优势。场景制作包括场景布置、场景动画、灯光设置等内容。场景布置的过程中，需要特别注意建筑、植被、景观小品、人物的色彩搭配，场景中的植物可以选择Speed Tree和Tree Storm等插件进行制作，也可以选择运用代理植物进行设置，插件和代理植物各有优势，代理植物给人的感觉更加真实，细节处理得更到位，以及植物的搭配和摆放是场景制作的重中之重。场景动画包括水景动画、车辆动画、摄像机漫游动画等类型，各类型动画的添加使场景更加真实、生动、有活力。灯光的制作要根据场景的氛围进行设置，要反映出不同天气、时间等的光照特点。因为镜头渲染时间比较长，因此在渲染之前要反复确认无误，才能进行最终的渲染。渲染之前要先输出预览动画，给客户先看路径和大致的效果，确认后再进行最终渲染。镜头渲染出图可以采用TIF格式的序列帧文件，还要配合渲染的光子图，最终渲染成图。除此之外，还需要在渲染材质中添加单色的材质，目的是选取通道图，这样能更便捷地进行后期校色和效果制作。在实际项目的制作中，渲染环节往往通过网络渲染、服务器或者发往渲染农场进行渲染，这样可以加快渲染速度，提高项目的制作效率。

（4）后期处理。后期制作包括片头片尾制作、动画后期包装、特效制作、背景音乐与配音、剪辑与合成等环节。视频剪辑软件有Vegas、Premiere、After Effects等，可以根据个人习惯进行选择。视频处理的时候要充分利用渲染出来的各种通道图进行校色和处理，要让各个镜头的对比强烈、色调和谐。音乐的选择方面，可以选择原创音乐，也可以选择其他类型的音乐，配合建筑动画的画面进行剪辑合成，目的是为了烘托动画氛围，更充分地展现出项目的特点和优势。

第2章

建筑动画的视觉元素

一个制作精美、层次丰富的建筑动画往往会比同一建筑的静态效果图更加吸引人，这是因为在建筑动画动态演绎的过程中，视觉感官所接收到的建筑形象更加生动、具体，从而对建筑物的形象认知也会更加清晰，使观者更容易产生内心共鸣。

动画所包含的视觉元素有：构图、光影、色彩、镜头等。建筑作为建筑动画的主体，如何更好地去塑造和呈现建筑物的形象便成了创作者所面临的难题。

建筑动画的视觉语言是通过巧妙地组合使用所有的画面元素来塑造建筑形象的一种方式，对视觉元素的不同修改可以使得画面产生不同的效果。而建筑动画是由一系列连续运动的静态图片组成的，因此对于平面构成的方法也适用于建筑动画，建筑动画的动态行为则是利用所有使画面“动”起来的元素在时间线上进行动态表达。

在建筑动画中，存在表现建筑主体时，所有的视觉元素是为了更好地塑造建筑物的形象而存在的。三维虚拟场景的模拟可以使得构成画面的元素都具有灵活性，使用合理适宜的视觉元素可以帮助观众更好、更快地沉浸在动画环境中，视觉元素的不同组合规律也可以激发我们的想象，从而对塑造建筑形象的方式有更加深刻的理解和体会。

2.1 构图

2.1.1 构图的基本概念

构图是指创作者在有限的空间或画面里，对需要表现的物体进行合理地摆放与组合，它能够更好地体现物体与物体之间的主次、位置、大小和空间等关系。构图不但能够充分展示建筑主体，还能有效地展示创作者的创作意图和艺术观念。

在建筑动画中可以使用画面构图的方式来最大限度地体现建筑主体的形象特征，营造场景氛围。在进行构图时，适当地安排周边环境的景观布置，舍弃不必要的陪体，着重强调建筑主体本身。构图是创作过程中十分重要的部分，优秀的构图可以大幅度提升画面美感，突出建筑主体的特征与闪光点，以及更准确地传达创作者的意图和思想。

2.1.2 构图的目的

建筑动画的构图不完全等同于摄影、绘画与电影的构图，摄影与绘画是静态的画面构图方式。绘画构图具有一定的自由创作空间，但摄影构图会受到主体位置及周边环境的限制，所展示的内容也无法根据摄影师的意图进行自由布置及改变，画面中的物体会自动定格在拍摄者按下快门的瞬间。建筑动画的构图与这两种构图方式有一定的区别，在进行构图时，画面中除建筑主体外的其余物体可以根据创作者的需求进行适当地布置和改变；并且建筑动画主要以运动镜头来呈现静态建筑，在镜头运动的过程中，镜头中的内容会随着镜头的运动而发生变化，这也是建筑动画的构图相对于绘画与摄影构图最大的不同之处。对于电影构图而言，电影里主要表现的是动态人物角色，人物会有表情和肢体上的动作，而在建筑动画中，若不是建筑施工生长动画演示，那么展现的建筑会一直处于静止状态，在动画展示的过程中可能会有动态元素去影响画面构图，但建筑本身并不会产生任何形态上的变化。

建筑场景主要由建筑主体、建筑陪体、植物、动物、人和交通工具等元素组成，但镜头里所要表现的内容有限，创作者需要思考的是怎么更好地展现建筑主体和塑造建筑形象，好的构图方式能在很大程度上解决这个难题。

2.1.3 构图的原则

构图的原则主要包括均衡、对比、视点。

1. 均衡

吴冠中这样诠释均衡："美之均衡往往是一种感觉，艺术作品中的均衡之美其实潜伏于隐秘之中。天平的平衡一目了然，而中国的秤杆、锤、钮与被称物体间的距离关系错综复杂。天平太简单了，只有秤杆可比喻艺术的均衡，亦即对称感。"

画面的均衡不仅是简单的对称关系，还是一种相对平衡的视觉状态，人们会习惯性地在画面里寻找视觉平衡点，若画面处于不均衡的状态，极易引起观众的不适感。除非创作者所表达的内容需要通过特殊的构图方式实现，否则通常默认画面应一直维持在均衡的状态中。

画面均衡受物体的位置、数量、大小、颜色等多方面影响，在空间布局时需要一定的技巧。动的物体与静的物体可以达到画面均衡，大的物体与小的物体在画面中也能保持均衡。画面均衡是一种状态，可以通过动与静的巧妙结合来创作画面均衡感，同时营造一种特殊意境；利用各个物体之间体积的大小关系、位置的远近关系相均衡，以此打造空间层次关系。

保持画面均衡是构图中重要的原则之一，在绝大部分影视作品或平面作品中都遵循这一基本原则，建筑动画亦然，在构图时创作者需要根据画面的整体情况适当调整场景中的物体来使画面达到均衡状态。下面简要说明一下画面是否处于均衡状态下给观者带来的视觉感受。

将画面均匀分为左右两部分，以黑色圆点为例，当黑色圆点在画面中呈对称状态时，画面显然达到平衡状态，如图2-1所示，两个完全相同的圆点以中间的竖线对称，在视觉效果上会给观者一种舒适感。

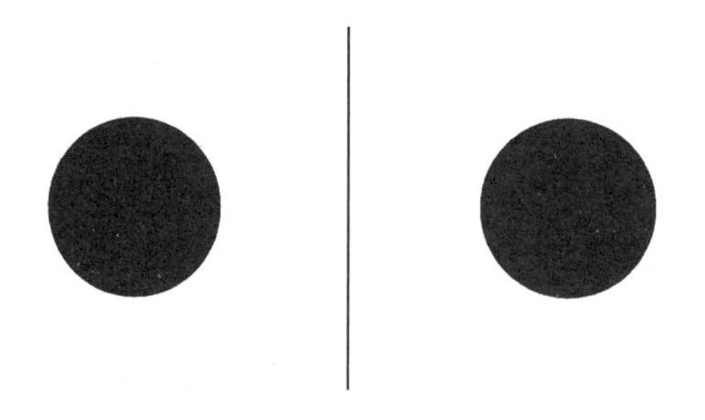

图2-1　对称示例图

以图2-1作为对比图，现将两个圆点往上轻轻移动，观察在位置移动后，画面所呈现给人的心理感受。

如图2-2所示，在原有基础上将物体向上移动后，画面的下半部分留白增多，上部分内容体积感过重，而下方没有相应的物体使之均衡，画面便处于失衡的状态，带给人一种不适感。

回到图2-1中，将两个圆点的颜色做一定区分，观察改变颜色后，对画面视觉效果所造成的影响。

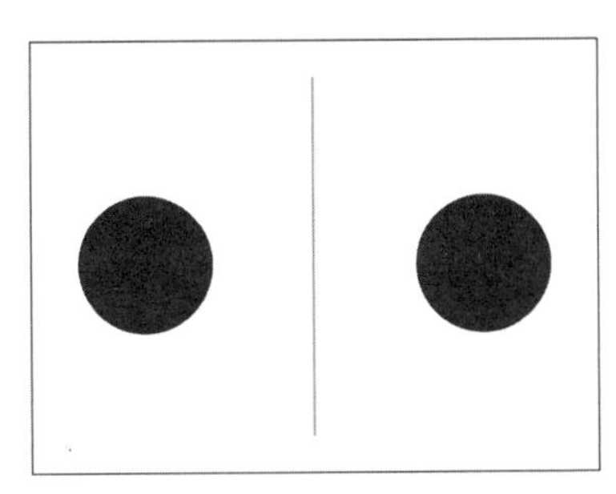
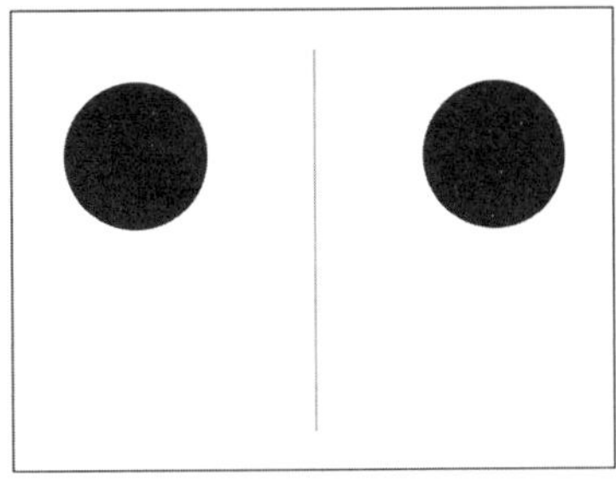

图2-2　对比示例图（一）

如图2-3所示，这里将右图中的圆点颜色改为了粉色，然后对更改后的图片进行画面色彩明暗比较，在明度上黑色较粉色更暗，这导致画面内黑色重量感较重，而粉色重量感较轻，从而营造了一种左重右轻的视觉效果。

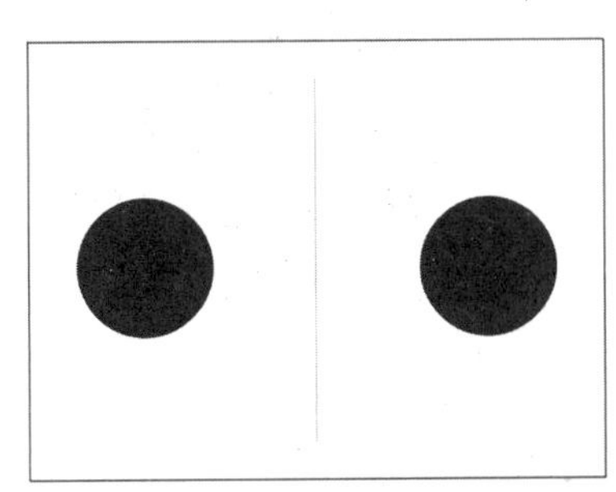
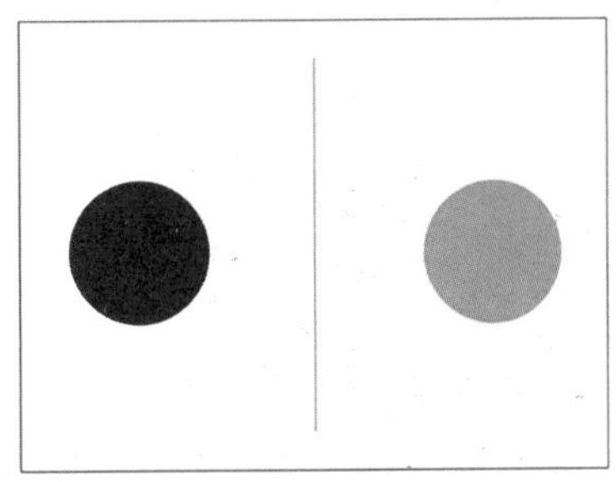

图2-3　对比示例图（二）

2.对比

大小、远近、明暗是常见的几组对立关系，将对立关系放在一起进行比较的方式称之为对比。画面中对比关系至关重要，正是通过各个物体间的相互对比，画面才有重点、有主次，从而达到强调主体内容的目的。以制作建筑动画为例，建筑作为建筑动画的主体，需要重点突出展示，故画面内建筑主体的位置、颜色、亮度、画面占比等相关属性与周围配景会有一定的差异。若没有这些区别，例如，在动画场景中所有建筑的高度或位置在同一水平面上，并且它们的明暗或色彩对比不明显，那么建筑主体无法突出，就不能很好地传达建筑主体的特点。

若画面中只存在单一建筑，那么建筑与配景之间要有体积、空间上的对比关系。若表现主体为公共建筑或商业建筑，一般情况下为了表现建筑的地理位置或未来该地所处位置的发展情况，除建筑主体外会布置大量的配楼，这时对比在此处的重要性就凸显出来了，适当的对比关系可以在丰富画面的同时仍保持着清晰的空间层次，并重点强调表现画面内的建筑主体。

3. 视点

视点是以人的视线为延伸线，上下左右向着一个方向延伸，最终汇聚到一个点上，即视觉的中心点。视点的作用是把人的注意力吸引到表现主体上，在建筑动画中，视点可理解为摄影机的聚焦点。聚焦点一般放在画面中所要表现的主体对象上，一般情况下只会存在一个视点。即使在有着丰富内容的大型场景下，画面内建筑体量多，但每一个镜头仍有主次之分，如图2-4所示，画面中除建筑主体外还有多栋配景建筑，但画面的视点仍在建筑主体上。

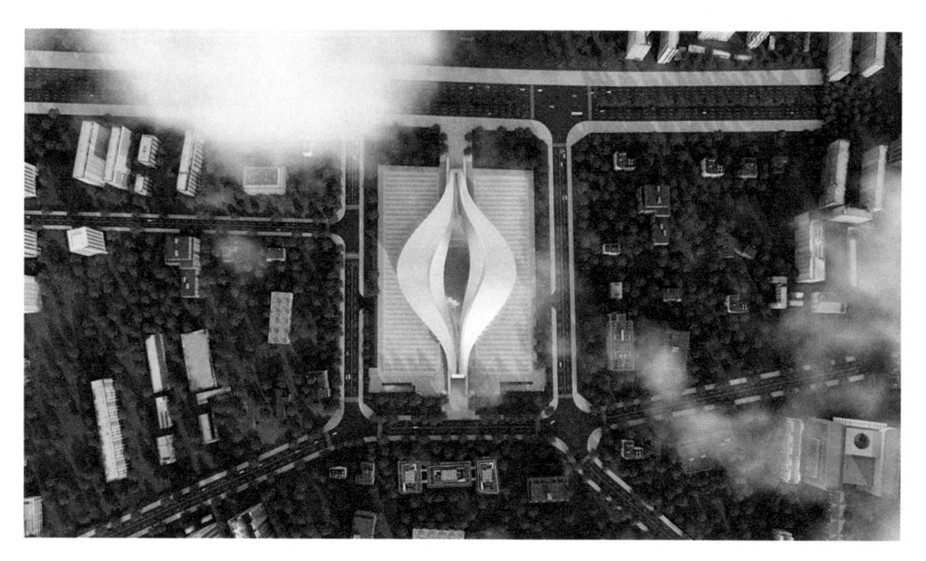

图2-4　视点展示效果

2.1.4 构图种类

动画是由一系列连续图片组成的，因此研究构图可以从单个静态画面开始。我们可以观察到画面中存在一些比较常见的构图方式，例如九宫格构图、水平线构图、曲线构图、三角形构图等。这些常见的构图方式无论在摄影作品还是影视作品中都被普遍应用，能满足并表现大多数创作者的创作目的，此外还有部分异形建筑需要通过特别的构图方式来表现。这一节着重介绍几种基础构图方式。

1. 九宫格构图

九宫格构图，顾名思义是用线条将画面均匀分割成九份，形成九宫格的形状，横竖线条交叉会形成四个交叉点，如图2-5所示。将主体位置任意安排在四点中的一点或两点上，便形成了九宫格构图。构图时应遵循画面均衡、对比和视点的基本原则。主体在画面中的放置点不同，所形成的画面效果具有一定差异。

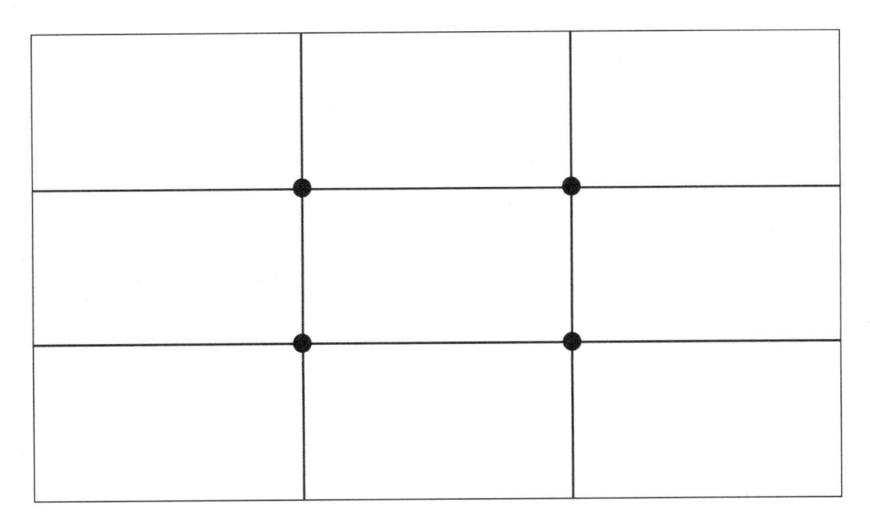

图2-5　九宫格构图示意图

九宫格构图法是最常见的构图方式之一，符合人们的视觉习惯，使布置在九宫格交点处的建筑处于我们的视觉中心。

本案例展示的建筑主体为一个商业建筑，此处编者选择对建筑主体的侧面进行展示。如图2-6所示，建筑主体位于九宫格的两个交叉点上，整体位置偏上，视觉重心主要在画面右上方。

图2-6　某商业建筑（九宫格构图-1）

如图2-7所示，将建筑主体布置在左上角的交叉点上，主体大面积处于偏左位置，这导致画面重心偏左，视觉中心处于画面左上方。

图2-7　某商业建筑（九宫格构图-2）

如图2-8所示，建筑主体位于四个交叉点中的下面两点，整体画面相对均衡，建筑主体基本处于画面中心。

图2-8　某商业建筑（九宫格构图-3）

该案例中使用的为同一建筑，上面分别展示了三种不同的九宫格构图法，主要区别为建筑主体在画面内的位置变化，可以看出在同种构图方式上，因为主体位置不同，画面效果也有所差异。创作者在选择九宫格构图时，需结合建筑主体及周边的环境情况来选择合适的构图位置。

2.水平线构图

水平线构图指画面中存在着明显倾向于水平的直线，这样的水平线位置可以处于画面内的上、中、下方，位置偏上或偏下都会影响画面的整体效果。

水平线构图给人一种稳定、平静的感觉，海平面、地平面上是最常见的水平线构图。在该构图中，通常将表现主体物置于水平线上，如图2-9所示，图中的水平线位于画面中心的位置。

图2-9　水平线构图示意

下面以某学校体育馆为例，来演示水平线位置对于构图的影响。

如图2-10所示，以操场边缘为水平线进行画面构图，可以观察到水平线位于画面内中间偏下的位置，同时建筑主体位于水平线上方，并且处于画面中心，给人稳定平静之感。

如图2-11所示，将建筑顶部的上轮廓线作为画面中的水平线，该水平线位于画面靠下位置。这样的构图会让建筑显得矮小，同时天空部分占比面积过多、内容单调，使得画面上部分在视觉上重量感较轻，而建筑主体重量感较重，引起画面失衡，整体呈现上轻下坠的视觉感受，建筑主体在此无法得到较好的展示。

图2-10 某校体育馆（水平线构图-1）

图2-11 某校体育馆（水平线构图-2）

如图2-12所示，在此处仍是将操场边缘作为画面中的水平线，水平线位于画面偏中间的位置。图中草坪占据的面积大，建筑主体的位置较为靠上。该视角下形成的镜头画面具有一定的空间纵深感，画面内以草坪为前景延伸了空间关系，烘托了一种宁静、安逸的环境氛围。

上述三个例子都为水平线构图，但表现效果却各有不同，本案例中不同形式的水平线构图在塑造建筑主体形象与画面视觉感受上都有一定差别。创作者在选择此种构图时，既要考虑如何最大限度地表现建筑本身的特点，也需结合创作者想要传递的画面思想及情感，来合理安排构图中的水平线位置。

图2-12 某校体育馆（水平线构图-3）

3.垂直线构图

垂直线构图指画面中明显存在一条或者多条垂直线的构图方式，如图2-13所示，一般情况下主体本身会作为画面中的“垂直线”。现代建筑高楼较多，使用垂直线构图的方式能凸显出建筑物高耸稳定的感觉，另外此构图还可运用在拥有挺拔的树木、直立的路灯、细长的旗杆等场景中。

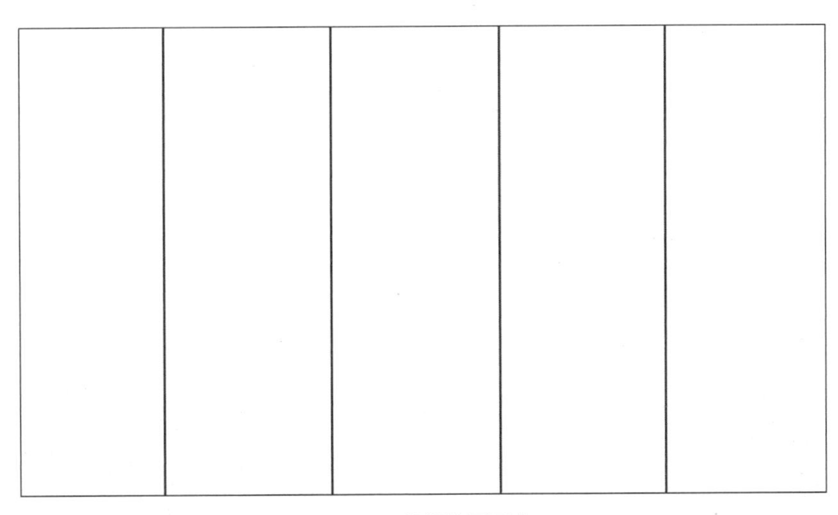

图2-13 竖线构图示意

如图2-14所示，画面主体为某小区的几栋高层建筑，这样的构图方式遵循两点透视的原则，给人以稳定、秩然有序之感，垂直线条特征明显，整个环境氛围平和、宁静、和谐。

图2-14 某小区效果图（垂直线构图）

将同案例改为非垂直线构图，如图2-15所示。改变构图后，镜头中略显倾斜的建筑加深了构图所带来的不稳定感和透视感，画面具有一定的张力，营造了一种活力、欢快的环境氛围。由此可以看出，垂直线构图与非垂直线构图之间的差别，同案例中两种构图分别产生了不同的表现效果，所给人的心理感受也已完全不同。

图2-15 某小区效果图（非垂直线构图）

4. 斜线构图

斜线构图是一种较为常见的构图方式，如图2-16所示。斜线构图相较于水平线构图而言，具有明显的动感与不稳定性，一般运用建筑及物体的透视或位置关系形成此种构图。

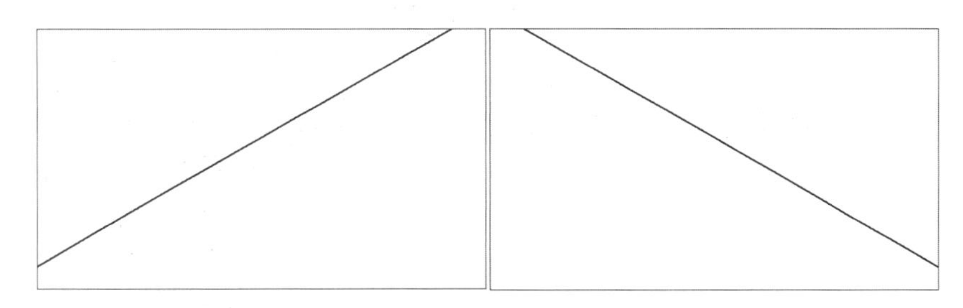

图2-16　斜线构图示意

如图2-17所示，画面内展现的建筑为某校图书馆，这里利用一定的透视关系形成了斜线构图，画面的立体感和表现力强，重点突出了建筑物上部的造型和玻璃幕墙，弱化了建筑下部阶梯，营造了一种大气、恢宏的气势。

图2-17　某校图书馆（斜线构图-1）

如图2-18所示，该图仍为斜线构图方式，它是基于图2-17的视点升高后形成的画面，可以观察到建筑的透视关系减弱，构成画面斜线的角度也随之变小，弱化了画面中的视觉张力和冲击感。在这个视角下可以将建筑的形态构造和空间关系表达得更清楚。由此可以得出结论，斜线构图中线条倾斜的角度决定了画面的张力，不同角度的斜线构图所营造的空间纵深感和环境氛围也不一样。

图2-18　某校图书馆（斜线构图-2）

5. 曲线构图

曲线构图是使用画面中一条明显弯曲的线条来进行构图，根据曲线平滑、流动的特性，所形成的构图带有一种柔美之感（图2-19）。常见的曲线构图应用在蜿蜒盘旋的道路、山川或河流上，有的时候根据某些建筑本身造型的特性，也可以使用曲线构图将建筑的异形曲面重点展现出来。

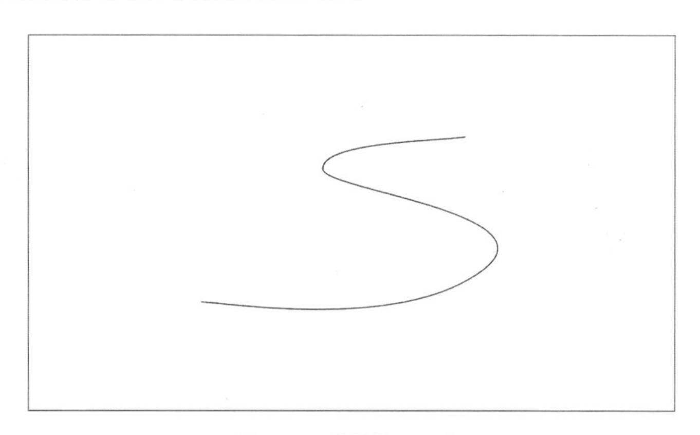

图2-19　曲线构图示意

如图2-20所示，案例中展示的为异形曲面造型的科技馆，图中利用建筑本身的外形构成了一个从外向内延伸的曲线构图，这样的构图方式使建筑看起来多了一份活力，强化了造型弧面灵动的特征，并且使人的视线不自觉地跟着曲线流转，突出了建筑主体的造型特点。

图2-20　某科技馆效果图（曲线构图-1）

如图2-21所示，该图是在图2-20中将视角拉远后的效果展示，对比可以看出，虽然主体在画面内的面积占比没有发生变化，但距离越近，越难以呈现物体的曲线效果，需要选择适当距离去规划构图，以此完整表达曲线柔美、流畅的特征。在图2-21中可以观察到，合适距离下的构图使得画面空间纵深感更强，建筑形象更加立体。因此，找到适宜角度和方位去表现建筑的曲线特征非常重要。在构图过程中，对于异形曲面建筑，创作者需要学会抓住建筑的特殊形态，强调建筑物本身的线条轮廓，对有着异形曲面的部位做曲线构图，最大限度地体现曲线在建筑表达中的优美之感。

图2-21　某科技馆效果图（曲线构图-2）

6.放射性构图

以一处为中心，画面向四周扩散的构图方式称为放射性构图（图2-22）。这种构图方式常常具有一定的冲击力，并给人开阔、舒展、发散的视觉感受。它能够以表现主体为核心，让观众的视线聚集到中心主体上，也可以使得周围的景物背离中心发散开来，营造一种具有震撼和奇异美感的画面。

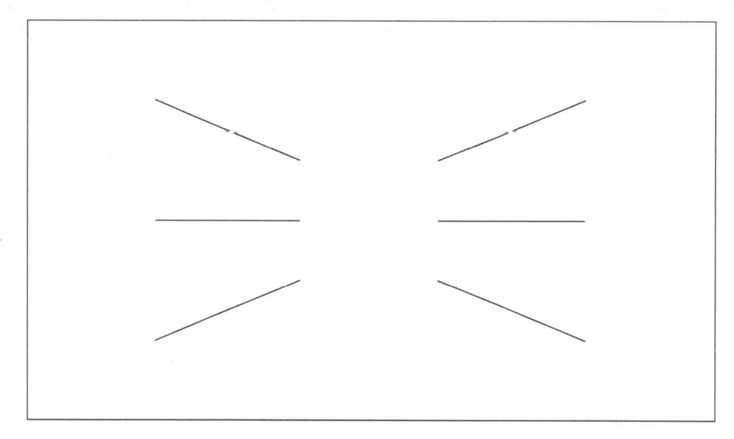

图2-22　放射性构图示意

如图2-23所示，两侧教学楼的轮廓充当了构图中的放射性元素，呈现了一种由画面中心向四周扩散的视觉效果，同时展现了开阔的空间和不同建筑间的层次关系，在观察画面时可以发现左右两边的建筑具有一定的高度差，因此在视觉效果上给人一种不均衡、视线焦点偏移的心理感受。

图2-23　某教学楼效果图（放射性构图-1）

如图2-24所示，这个视角所形成的放射性构图弱化了左右建筑间存在的高度差关系，并且镜头距离上更靠近右侧建筑，角度偏向左侧教学楼，这种构图使人第一眼关注到的是左侧教学楼和中央区域，同时左右“放射线”的长度不一使得两边建筑对比更加明显。

图2-24 某教学楼效果图（放射性构图-2）

在部分放射性构图中，放射线是隐性的，在画面内无法找到明显的放射线。而放射性构图的形成，取决于画面主体形态和构图的角度。在多层次的建筑空间内，通过错落的空间关系造成径向性的视觉运动，便形成一种特殊的放射性构图。组成放射性形态的元素不只为直线，还可以为圆形、三角形、矩形、弧线等。在建筑动画内，放射性构图的使用能唤醒画面活力，激发人们的想象力；但画面中若存在多种过于复杂的流体元素，长时间地观看会引起不适感。

放射性构图对于场景中存在的物体具有一定的要求，创作者需要充分了解表现主体所具备的特性，才能正确地使用放射性构图来对主体形象进行塑造。尤其是当建筑主体作为视觉聚焦点时，安排合理的构图角度能更容易捕捉观众的视线。

7.三角形构图

建筑主体本身为三角形形状或画面内的展示对象构成了三角形的构图形式称为三角形构图，这样的几何三角形分为正三角、倒三角和斜三角（图2-25～图2-27）。这几种三角形构图分别具有不同的特点，采用正三角形构图会使画面产生稳定感及安全感；采用倒三角形构图会凸显画面的不稳定感，具有一定的视觉冲击力；斜三角形构图的特点介于两者之间，使用此构图既具有稳定性，也拥有相应变化的灵活性。

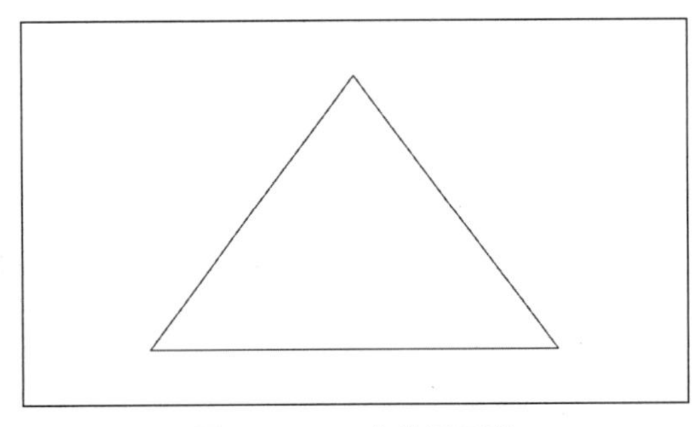

图2-25　正三角构图示意

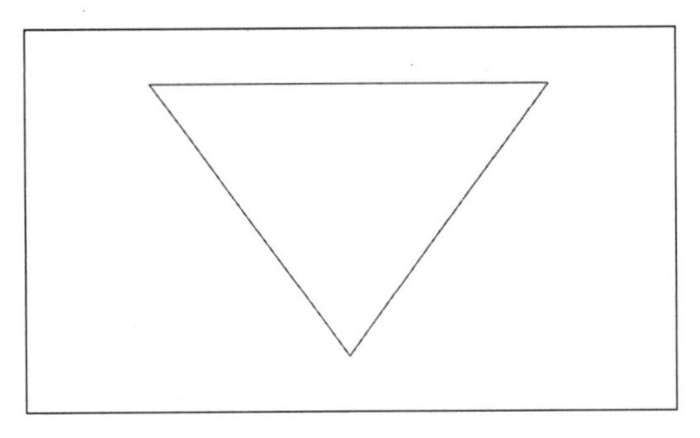

图2-26　倒三角构图示意

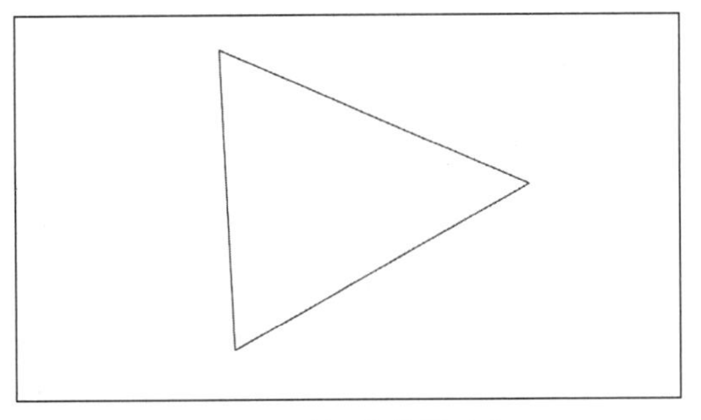

图2-27　斜三角构图示意

正三角形构图中的“正三角形”不同于几何中的正三角形，只要三角形的底边接近于一条水平线，且两个底角都是锐角的情况下同时满足物体的最高点在构图的上方，就可以看作是正三角形构图。运用正三角形构图会使建筑结构看起来平衡稳定，且以此种构图方式展示对称结构的建筑可以营造一种庄严、肃穆的环境氛围。图2-28为一个正三角形构图，画面内展示了校园一角的景象，能同时观察到建筑的两个立面及空间关系。

图2-28 某校效果图（正三角形构图）

在同一案例中，以倒三角形构图的方式对画面重新进行构图。如图2-29所示，该画面为另一个视角下形成的倒三角形构图，这样的构图更具有张力和不稳定感，在俯视角度下可以看到建筑顶部的造型。在此观察到建筑主体上部分所占比重较大，表现力较强；而建筑下部的结构空间则不能很好地得到展现。

图2-29 某校效果图（倒三角形构图）

如图2-30所示，将案例以斜三角形构图的方式进行构图，它具有一定的灵活性，所形成的画面不具有正三角形那样强烈的均衡感，也没有倒三角形引起的不稳定感。图中，该视角所形成的斜三角形构图突出展示了建筑独特的造型特点，而且能够让观众比较全面地辨别建筑的空间结构与周围景物的关系。

图2-30 某校效果图（斜三角形构图）

8. 中央构图

中央构图是将展现主体放在画面中央，起到强调主体作用的构图方式（图2-31）。通常使用这种形式的构图，表现主体在整个画面内的比重相对较高，而且背景和主体之间的对比强烈，这种构图形式运用在建筑动画中可以重点彰显建筑的形象和特点，突出创作者想要表达的内容与主题。

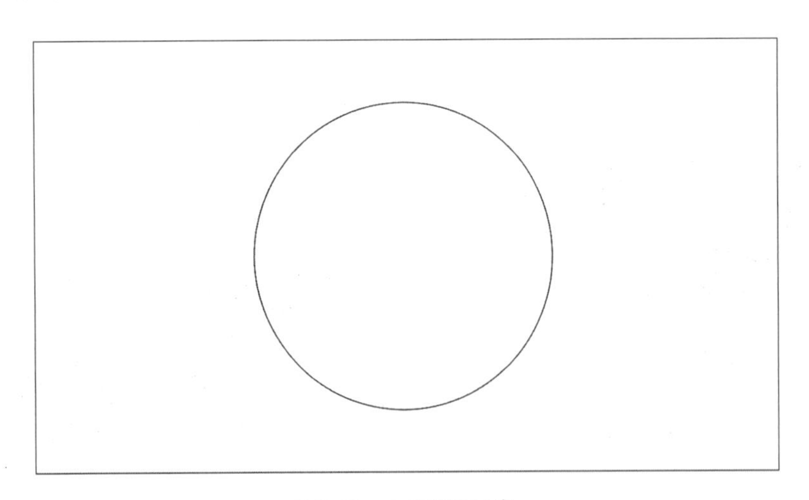

图2-31 中央构图示意

如图2-32所示，画面中心主体为一栋左右不对称的建筑，由于功能分区不同，大楼两侧以高低不一、外形各异的造型展现，颇具自身建筑结构的特点。通过中央构图的表现形式，该构图可以使人的视线聚集在建筑主体物上，便于更好地表达建筑物的特点。另外，图2-32也同时使用了二分法构图，它将画面平均地分成了上下两部分，并在上方留有一定的空间，使得构图更加平稳、简洁。

图2-32　某校效果图（中央构图-1）

如图2-33所示，在画面中央的仍是同一建筑，这样的视角使得建筑右侧的小楼造型越发突出。同时除了建筑主体外，我们还会注意到中心建筑与左侧景观区及右侧操场之间的关系和它们所表现出来的内容，虽然视线聚集的焦点在画面中心，但由于透视关系的改变，使得画面更具视觉冲击力与吸引力。

图2-33　某校效果图（中央构图-2）

在建筑摄影中，中央构图是一种很重要也很广泛的构图方式。根据人的观察习惯，一般会将表现主体放于画面的中心位置，这样更有利于吸引观众的注意力。而建筑本身就是一个体形相对较大的物体，通过建筑和周围存在的其他景物相互对比，可以突出建筑主体物的外形特征，从而使得整个画面更加丰富。

9.对称构图

通常以一个点或一条线为中心，两侧物体的外形及大小保持一致的构图为对称构图（图2-34、图2-35）。对称构图会使得整个画面都较为稳定和协调，但是使用这种构图对主体本身有一定要求。对于拥有对称结构的建筑而言，建筑的中轴线可以作为对称构图的对称轴。

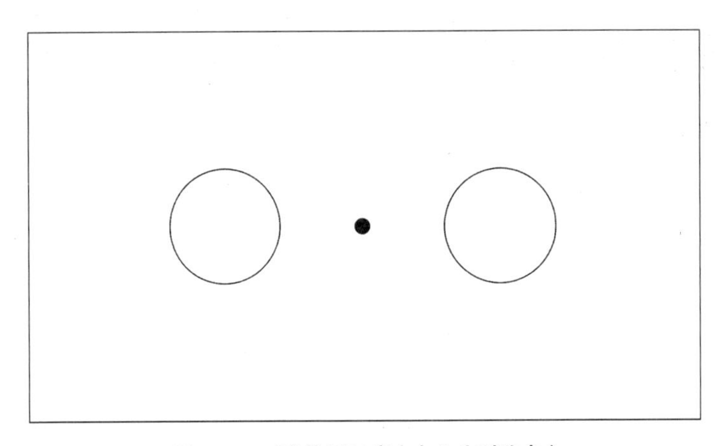

图2-34　对称构图示意（中心为对称点）

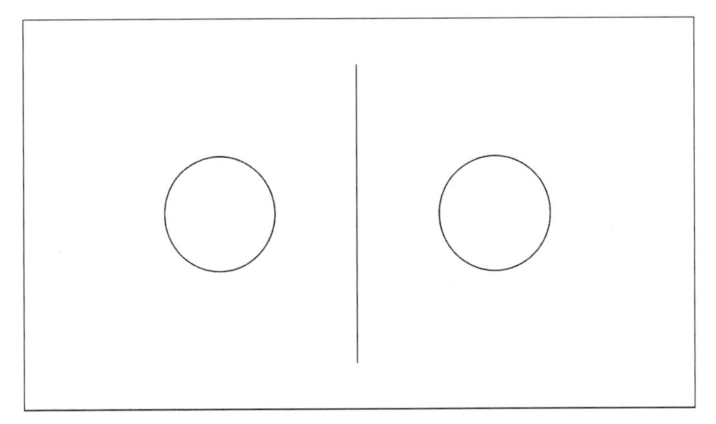

图2-35　对称构图示意（中间为对称轴）

如图2-36所示，画面为中心对称构图，它将一个点作为对称中心，左右两侧为外形、体积大致相同的两栋建筑，但它们的朝向不一致，构图中使用了稍微倾斜一点的视角，使得画面更具有活力和生机，并且两栋建筑间的景观也呈中心对称展现，让整个构图更显和谐、自然。在建筑动画里，可以使用这样的俯视镜头从上往下做运动，从而营造出震撼、引人瞩目的视觉效果。

图2-36 某校效果图（对称构图-1）

如图2-37所示，该案例为一个左右对称式构图，画面内左右两侧的建筑物呈对称状态分布，同时建筑的体积大小大致相同。对称式的构图带给人均衡、和谐以及稳定的视觉和心理感受。这种构图能够完美地展现拥有对称特征的建筑之美，画面被无形的点或线所切割开来，具有独特的艺术欣赏价值。

图2-37 某校效果图（对称构图-2）

10.棋盘式构图

多个相似物体在画面内具有随机性分布的构图称为棋盘式构图（图2-38）。同一个画面中物体的重复出现使得画面带有一种节奏韵律感，通过改变重复物体在构图里的疏密关系，可以带给人不同的视觉感受。

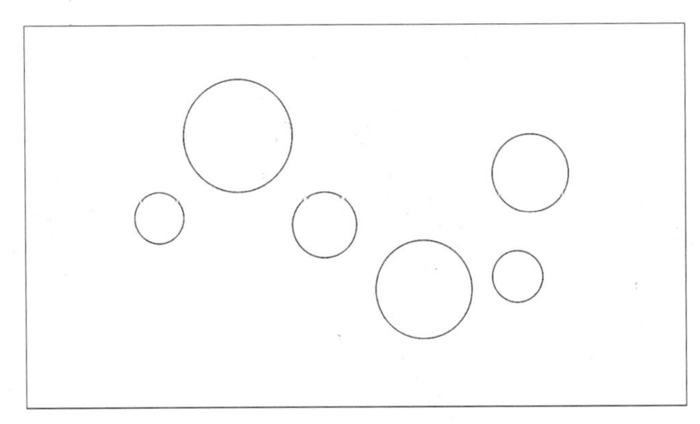

图2-38　棋盘式构图示意

如图2-39所示，这是学校某处的教学楼分布，几栋教学楼的排布形成了多个半包围式的结构，同时由于教学楼的外形具有某些相同特征，且相隔的距离大致相同，使得画面呈现出一种具有流动跳跃的节奏感与律动感。

图2-39　某校效果图（棋盘式构图-1）

如图2-40所示，画面为某建筑的局部细节展示，这个角度可以看到建筑立面上有多个窄而高的小窗户，这种窗户若是单独出现不会引起我们的注意力，但在此构图中窗户的重复出现使得建筑形象更加具体、鲜明，给人的印象更加深刻。同时，这一排窗户形成了一个整体，遵循两点透视的原则，对人的视线具有引导作用。

图2-40　某校效果图（棋盘式构图-2）

11.框架式构图

利用前景物体作为画面基础框架的构图称为框架式构图，这里的前景物体可以是门窗、树木、雾气、栏杆、镂空的造型等，它可以是实体，也可以是“虚无缥缈”的物体，它在构图中起到修饰、分割画面的作用。这种构图形式能够使画面内容更丰富，且更具层次感。

如图2-41所示，这是一张在室内朝向大门往外看的效果展示图，中央的玻璃

图2-41　某校效果图（框架式构图-1）

幕墙框架和外部轮廓框将画面有序地分割成了多个部分，室外的景色随着晨光朦胧地照映进镜头，使得整个画面具有独特的艺术美感。

如图2-42所示，画面所拍摄的是站在操场上眺望远处教学楼的情景，整个构图简洁、干净，让人一目了然，但如果画面停留时间过长，会让人产生视觉疲劳。如图2-43所示，此处利用了操场背后的站台对画面进行了框架式构图，加入前景框架后画面效果变得更为丰富，同时顶部造型在光照的影响下产生了局部阴影，提升了画面的空间层次感。

图2-42 某校效果图

图2-43 某校效果图（框架式构图-2）

12. 紧凑式构图

将物体要表现的部位局部放大而形成的构图，称为紧凑式构图。这种构图常常以特写的形式出现，使得局部形象更鲜明且具有冲击力，能给人留下深刻的印象。在建筑动画中，可以使用紧凑式构图来展现建筑独特的细节部位，以此来强调建筑的特点与亮点部分。

如图2-44所示，此处展现的是某处观赏标志，通过对标志底部的局部放大，并结合光影效果，使得前面的实体标志与在展台上的倒影形成一个鲜明对比，可以突出该标志的外形特征。在紧凑式构图中，观众也更易观察到物体的材质、结构及其他细节部分。

图2-44　紧凑式构图-1

紧凑式构图是对物体的局部呈现，因此主题往往都会很明确。如图2-45所示，画面中展现了一栋高高耸立的钟楼，钟楼的顶部为大钟，下部做了局部的孔洞装饰，营造出气势雄伟、端庄大气的画面氛围；同时，与暖色调木质材质的搭配，烘托了一种历史悠久、文化底蕴深厚的环境氛围。

上述介绍了多种常见的构图方式，并且进行了相应的效果展示，可以看出同种构图方式所呈现的效果也是有一定差异的。在建筑动画中运用不同的构图方式展现建筑，能够使得画面内容更加丰富，所呈现的内容更具有吸引力。

构图是对创作者主观想法的具体表现，没有正确与否。综合建筑的类型与建筑周围环境，选择合适的构图去塑造建筑形象、突出建筑特点、营造建筑的艺术氛围，传达创作者所蕴含的情感，能够更好地将建筑的魅力传达给观众。

图2-45 紧凑式构图-2

构图是基于单张画面表现来研究的，但在建筑动画中，构图不是一成不变的。由于角度、景别等相关因素随着镜头的运动会产生相应变化，因此所形成的构图也会受到一定的影响。与此同时，还需要考虑镜头的运动轨迹与速度是否适宜，这决定了画面最终形成的效果和所要传达的感情与情绪。影响建筑动画构图的因素繁多，但一旦我们掌握了静态画面构图的要点，结合建筑动画的特点可以将其合理地运用到动画构图中。

2.2 光影

2.2.1 光的基本概念

光是人类感知世界的重要因素之一，人们通过光看到了物体的形与色。在物理上将光解释为电磁波，人眼能够感知的部分为电磁波中的一部分，波长为380～760nm，我们将这部分电磁波称为可见光。当光穿过不同介质时，会产生透视、折射和反射现象。光可以在空气、水、玻璃等透明物体中传播。当穿过非透明物体时会受到阻挡，从而形成受光面、背光面和投影。在建筑动画中，主要通过三维软件对创作者构想的建筑未来所呈现的状态进行模拟，主要通过对物体形状与材质、自然光与人造光等构成因素进行模拟。光是画面中重要的影响因素，物体的可见性、立体感、画面氛围感等，都需要通过光去营造和呈现。创作者通过模拟现实，根据各自不同的目的与艺术表达对光进行创作，从而更好地塑造建筑形象。

2.2.2 光的分类

本书主要将光分为两大类，人造光与自然光，在建筑动画中通过软件模拟其状态与效果来塑造场景。

（1）自然光

自然光为天然光照，如太阳光、月光、星光等。在建筑动画中，自然光主要以太阳光为主，它可以起到展示建筑造型、塑造建筑形象、烘托场景氛围感、传达建筑的艺术内涵等作用。太阳光受季节、时间、天气等不同因素影响，不同场景中有着明显变化。一年四季太阳离地球的距离和位置在不断改变，光的强弱与角度也发生相应改变，光照射到物体上所形成的光影千变万化。光影的细微变化让场景在层次感与空间感的表现上更加丰富、细腻。

同样是艳阳高照，季节不同，太阳强度与天空亮度也不同，所产生的阴影变化存在一定差异，场景所展现出的氛围也随之变化。盛夏之时，天气晴朗的条件下，天空亮度高，太阳光线强烈。光线照射到物体上时，会形成非常明显的受光面、背光面与投影。受光面与背光面形成强烈的反差，物体造型因为强烈的反差给人硬朗的心理感受。若物体本身就属于造型转折为棱形的情况下，效果会更加明显；同为盛夏之时，当薄云蔽日条件下，天空亮度与太阳光线相对较弱，阳光更加柔和，照射到物体上也会形成相应的明暗面与投影，但明暗面对比较弱，场景层次就会显得细腻。阴雨天气时，云层较厚，天空亮度较低太阳光线弱，云扩散出少量阳光。当光线照射到物体上时，不会形成明显的受光面与阴影面，也不会产生明显投影，画面的光线及阴影变化较少。

图2-46～图2-48阳光强度与天空光照依次降低。图2-46、图2-47画面的阴影、亮部投影对比较为明显，阳光强度越强，阴影越暗。画面亮度较高，材质表现受一定影响。图2-48则模拟阴雨天，画面亮度较低，受光面与阴影部分对比较弱，地面投影只有微弱的表现，材质的明度与饱和度相对较低，画面色彩偏向灰色。

图2-46　某校图书馆太阳强度较高效果展示

图2-47　某校图书馆太阳强度一般效果展示

图2-48　某校图书馆太阳强度较弱效果展示

（2）人造光

人造光是指人为创造的所有光的总称，主要包括灯光、烛光、火光等。人造光是塑造空间感和氛围感的重要工具。在白天情况下，室内运用人造光较多，这时需要考虑所要营造的场景氛围。首先是主光源的位置和角度，用主光营造一定的空间感，利用辅光来加强空间感、调节场景亮度关系、营造场景氛围。在夜晚场景下，人造光便是场景中的主角，通过对不同灯光的位置分布、强弱调节、色彩选择等方面，以此衬托描绘场景中物体的轮廓，营造画面氛围。

在建筑动画中，人造光同自然光一样，主要通过三维软件模拟真实光照效果。在动画场景中通过布光对现实环境进行模拟，根据光的方向，可以分为顺光、逆光、侧光，顶光及底光；根据光的用处，可以分为主光、辅助光、轮廓光与环境光。在塑造场景的过程中，一般会根据需要选择和布置多个不同光源。

主光源：是场景中必不可少也是最基本的光源，是场景中第一个需要考虑和布置的光源，其作用主要是用来照亮主体建筑的轮廓。主光源的位置、方向、强弱与色温将决定光线的方向、物体的明暗面与投影的方向和位置、画面的整体亮度及颜色基调。主光源一般情况下只有一个，且亮度较强。根据主光源的角度和位置，我们可以将其简单分为顺光、逆光、侧光、顶光及底光，如图2-49所示。

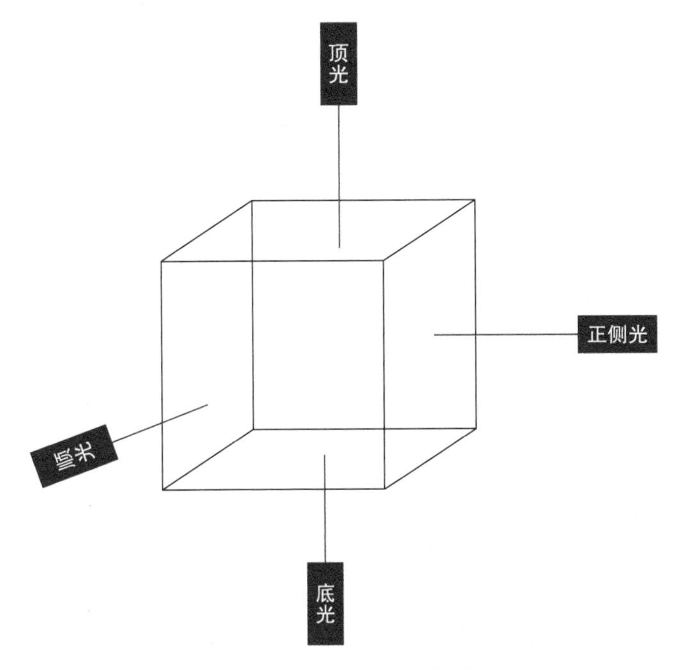

图2-49 不同位置光源示意

①顺光：光线顺着摄影机方向照射，我们称之为顺光。顺光所形成的阴影面与投影处于物体背面，画面没有明显的明暗关系，物体表面轮廓感被削弱，层次感与体积感减弱。一般情况下，灯光方向与摄影机方向会有一定的角度，使光线照射到物体上形成明显的明暗关系，从而更好地塑造物体轮廓。

②正侧光：与物体和摄像机成垂直方向的灯光称为正侧光，正侧光会形成非常明显的受光面、阴影面与投影，突出物体立体感，适合表面轮廓较明显的物体。

③逆光：逆光与顺光为相反方向，摄影机与光线位置相对，物体位于摄影机与光源之间。逆光主要用来勾勒物体的轮廓，剪影效果便是最直接的逆光拍摄。

④顶光：指被摄物体顶部光线，最常见的为夏季正午的阳光。用来展示物体顶部细节。在塑造顶部有镂空设计的建筑时，可通过顶光照射阴影的形式呈现，丰富画面内容。

⑤底光：底光又称之为脚光，灯光处于物体的底部，用于展示物体底部细节。在建筑动画中，底光主要在夜景中运用较多，常以射灯为主，用来塑造建筑的轮廓，营造建筑氛围。

于建筑动画而言，被摄主体的轮廓感一般情况下会较为明显，下面在场景中创建与大部分建筑拥有较为相似的方体，展示通过正面、侧面、背面不同方向的光源照射下画面呈现的效果。保持镜头及灯光强弱不变，布置一盏主光源，灯光设置为白色灯光，只改变光源的方向。

如图2-50所示，主光源处于不同角度照亮了整个场景，并产生了对应的阴影效果，通过照射正面、侧面、背面不同方向的光源可以发现，三种方式对方形而言，呈现的效果是相似的，光线只能照亮正对灯光的面，部分面通过周围环境反光有细微的光影变化。但被摄主体的明暗变化过于单一，暗面部分层次变化过于微弱，特别是投影部分呈现漆黑一片的状态。明暗对比过于强烈，画面层次感较弱。

图2-50　光源分别从正面、侧面、背面照亮物体效果

辅光源：在场景中主要起到辅助作用，用来补充画面中光照不足的地方，从而调整画面的明暗关系，塑造物体形象，展示阴影部分质感。在图2-50中，当有了主光源后，场景整体被照亮，但物体部分面仍处于阴影中且暗部无明显明暗变化，形成一片“黑面”。这个时候需要通过添加辅助光，对这些问题进行改善，使场景中暗部有一定的明暗变化，让暗面具有“透气”感，使场景光影变化更丰富，画面层次感更强。

运用辅光源时，应特别注意辅光源的亮度不应强于主光源。设置灯光时，根据需要可以将辅光的阴影、反射高光等属性取消，避免多盏灯光的重复参数设置破坏整体画面。

如图2-51所示，在场景中添加辅助光并取消其阴影属性，投影与阴影部分被照亮且有一定的明暗变化。相对于只有单一光源而言，物体的体积感更强，阴影部分更通透，整个画面光感更加丰富。

图2-51　添加了辅助光（左图）与单一主光源（右图）

在图2-52中，当主光源完全不变时，可以通过改变辅光源相对于主光源的亮度来参考对环境的影响。辅助光的亮度小于主光源时，画面中有明显的受光面、阴影面、中间面与投影，并且主光源方向明显，物体的体积感得到较好表现。而当辅光源与主光源亮度相同时，画面中出现了相同亮度的两个面，物体体积感和层次感被大大削弱，场景光线亮度和主光源无法得到区分，画面光影效果混乱。因此在添加辅助光时，应特别注意辅助光与主光源的亮度区分。

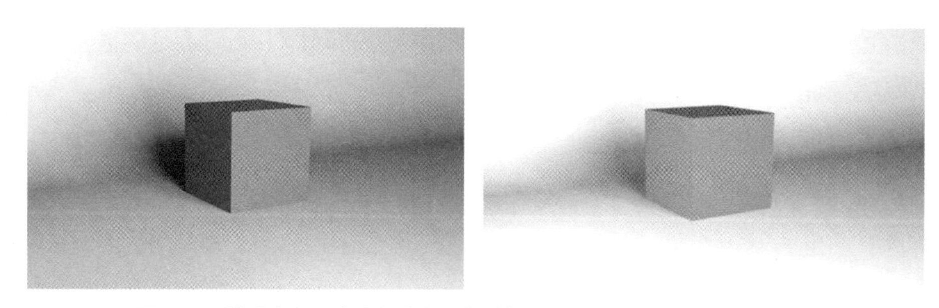

图2-52 辅助光小于主光源（左图），辅助光与主光源亮度相同（右图）

轮廓光：顾名思义为主要用于照亮物体轮廓的光源，它可以将物体与背景较好地分离。通常会将灯光放置在被摄主体背面，制造出类似剪影的效果，结合主光及辅光源，丰富画面的层次感与空间感，更好地塑造物体造型。

如图2-53所示，右图为在场景中添加了轮廓光的效果，对比左右效果，阴影部分发生了明显的变化，"透气感"相对更强；在物体体积上，添加轮廓光后，物体轮廓更突出、体积更强，整个画面的层次感得到一定程度的提升。

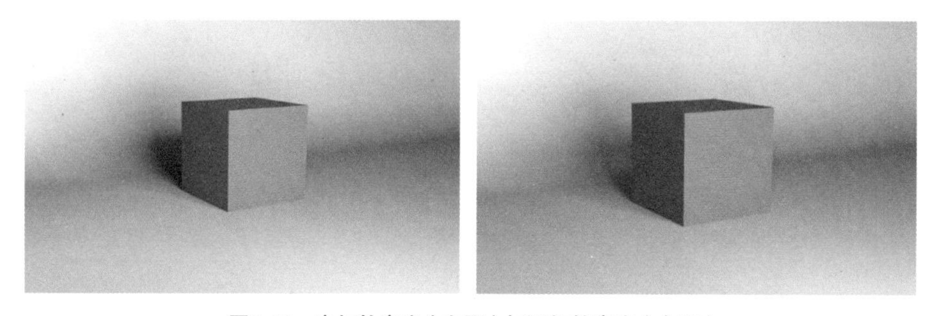

图2-53 未加轮廓光（左图）与添加轮廓光（右图）

环境光：环境光通常放在比较高的位置，充当类似天空光的角色，环境光不宜过亮，主要用于照亮背景及周边环境，烘托表现画面氛围感。

2.2.3 光的作用及效果

当代著名建筑师马里奥·博塔说："对于建筑，离开光线就不存在空间，是光线创造了空间。"在建筑动画中，光不仅起到照亮场景的作用，还充当了更好地塑造建筑、丰富建筑、营造场景氛围感等重要角色。根据场景内容，通过对光线的设计与运用，进一步赋予场景灵魂，光与影交叠相错的效果能装饰、衬托建筑及其周围环境，增强建筑的空间感和层次感，营造画面氛围，让画面在具有真实感的情况下，还具有一定的氛围感和感染力。

光将场景照亮后，我们可以看到物体的形状、材质、颜色，不同颜色、亮度、角度的光对画面的色彩、物体的材质、画面的空间关系等方面有一定的影响。下面，主要通过光对颜色、材质与肌理、空间的影响做探究。

（1）光与材质

在场景中不同物体有各自的材质属性，不同的材质有着不同的质感与肌理，质感与肌理相配合，呈现出不同的视觉特征，唤起人视觉、触觉的感官感受，如冰冷与温暖、柔软与坚硬、光滑与粗糙等。当光照射到不同的材质表面时，光的强弱、角度、颜色作用在不同材质上所呈现的状态各有不同，其中光的强弱与角度对材质的肌理表现影响较大。如材质本身具有一定的凹凸感，当光线的强度不变，光线直接照射到物体的表面时，其凹凸感被削弱，凹凸的肌理相比之下变得光滑，并且细节部分减少；当光线与材质表面有一定夹角时，表面上的凹凸肌理与光形成阴影变化，凹凸感增强，细节部分展现相对较多。

在3ds Max中模拟灯光效果，在场景中设置标准目标平行光与天空光，通过改变平行光的强度及角度对物体材质的影响进行对比研究。如图2-54所示，该图为材质在天空光照下的效果展示，场景中仅设置了天空光的展示效果。

图2-54　有一定凹凸感红砖墙在天空光照下的效果展示

保持光的强度不变，这里设置灯光的[倍增值]为0.6，观察不同角度下光照对材质的影响。

如图2-58所示，对图2-55～图2-57进行效果上的对比，当在灯光照射下，材质质感得到加强，肌理与细节更加突出。因为光照角度原因，在光距离相同的情况下其照射角度不同，所形成的效果不一。直射光下材质的明暗对比强烈，部分凸出材质受直射光线影响，轮廓感变弱，细节部分相对较少，部分肌理因为光影会产生一定的视觉改变；光线照射角度过高，凹陷与凸出部分肌理不能较好受光，且直接影响阴影效果，进而影响肌理的轮廓感，材质的细节减少，显得相对光滑。

对于有着一定轮廓感和粗糙度的材质而言，不同照射角度的光照主要改变材质细节的阴影与受光程度，从而影响物体材质的细节表达。在建筑动画中，材质的细节在一定程度上增强了画面的真实感、层次感、氛围感与艺术感。

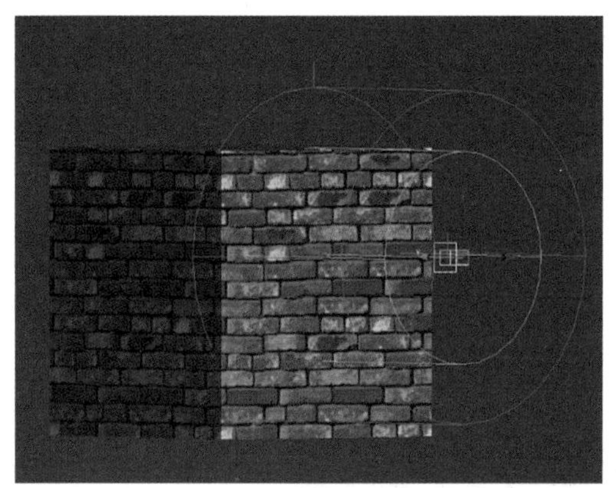

图2-55　灯光直射材质效果展示

图2-56　改变灯光角度材质效果展示

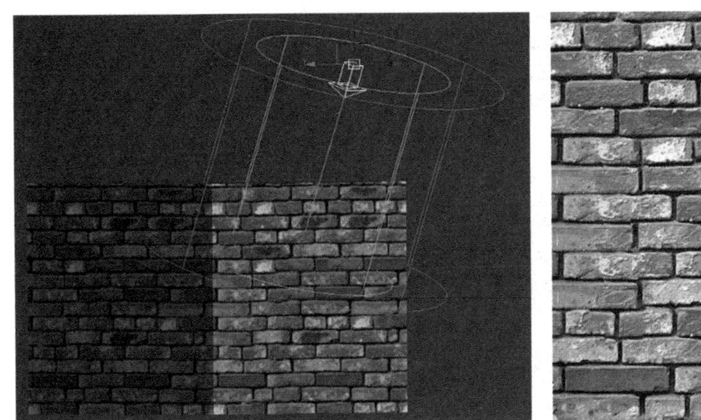

图2-57 改变灯光角度材质效果展示

图2-58 各个角度灯光的材质影响效果展示
（依次对应图2-55～图2-57效果展示）

（2）光与色彩

场景中物体材质的颜色在白色光源或日光下所显示的便是建筑的固有色彩，其固有色会随着光源色彩的改变而变化。由于材质的不同，色彩被影响的程度也不相同，如部分玻璃材质具有透明性，光的颜色直接决定了玻璃材质的表现颜色，部分材质的反射属性较强，当反射的强度不同，光对其色彩的影响效果也有所差异，通常情况下材质的反射越强，光的色彩对其颜色影响就越大，反之越小。

如上述内容中，红色砖墙材质主要包含了红色、橙色与白色，在3ds Max中，用不同颜色的光去照射材质部分，光的[倍增强度]设置为0.5，观察在不同色彩的光线照射下，材质颜色的变化情况，如图2-59、图2-60所示。

用绿光线进行照射（RGB参数为0、255、0），红色与橙色部分偏向黄色，整体画面偏向黄绿色。当照射光线为蓝色（RGB参数为0、0、255），画面橙色与红色明度降低，色彩产生了细微改变，橙色偏红，红色偏向蓝红色，整体画面偏向蓝紫色。

图2-59 白色光照与绿色光照下材质的色彩表现对比

图2-60 白色光照与蓝色光照下材质的色彩表现对比

上述为单个光线对材质色彩的影响，多个灯光对材质色彩的影响则更为复杂，在3ds Max中模拟两盏有色光线，分别为主光和辅光，保持主光源角度与色彩不变，对比单色光源，观察两个光源对材质色彩的影响。主光强度倍增为0.5，辅光强度倍增为0.25，取消辅助光的阴影属性。

如图2-61所示，用绿色光线作为主光源，添加不同颜色的辅助光。对比第一张图为无辅助光的情况下，第二张与第三张图中红色与蓝色辅光在一定程度上影响了材质色彩的表现。绿色主光源与红色辅助光相结合，画面偏向黄色，色彩由冷色调偏向于暖色调，画面的色彩饱和度与明度有所增强；蓝色辅助光则让画面带有蓝色倾向，黄色部分受蓝色辅光影响，偏向于橙色；红色部分则微偏向紫色，色调冷暖仍然为冷色调，但画面明度增强，饱和度降低。

图2-61　不同颜色辅助光作用的效果表现
（从左至右分别为无辅光、辅光为红色、辅光为蓝色）

光源色彩的变化对材质的色彩有直接影响，进而影响着相关的建筑表现。在光的照射下，相同色彩的建筑可能会有不同的色彩呈现效果，光源色彩的改变除了对物体色彩的色相有影响外，明度、饱和度、整个画面的色彩倾向都会受到相应变化。在创作动画的过程中，应注意光的色彩对整个画面的色彩影响，创作者应选择合适的光源，以便更好地塑造建筑形象及艺术氛围。

（3）光与空间

空间在人们的意识中，是实体围合形成的区域空间，由此形成了墙、窗、顶、地。老子在道德经中解释了什么是空间："凿户牖（yǒu）以为室，当其无，有室之用。故，有之以为利，无之以为用。"，其大致含义为空旷部分才是真正可以利用的部分，在空间中"空"并不是没有内容，而是"空"的部分被光线所充满，创作者可以利用光去塑造、丰富空间、强化空间韵律和聚集人们的视觉焦点。

光塑造空间：当空间中没有光存在时，在视觉上，我们无法看见空间的形状、大小及空间中的内容。当有了光线后，受光空间与阴影空间出现了，光的亮度越大，与空间产生的阴影关系越明显，受光空间范围也越明显；光线较暗，与周围环境反差较小，空间在视觉感受上相对较大。

光线丰富空间：光照射到空间中，会使得遮挡物形成阴影，当照射到类似彩色玻璃的物体时，会形成新的有色光线。在建筑中以阳光照射到室内为例，室内光线的形状与阴影主要是通过采光部分遮挡物的形状及图案决定。在古代建筑中，窗户上多有花纹，当光线透过窗户照射到室内时，会形成相应的花纹阴影图案。在室外最常见的是植物的影子会投射到墙上或地上，从而丰富了画面内容。

强化空间韵律：光在一天之中会随着时间的流逝、天气的变化而变化，在空间中光有强度、方向的变化，进而影响影子的长度、方向和位置，画面亮度也会发生变化。这些变化都为整个空间创造了一定的韵律感，使画面更丰富。在建筑动画中，当光影在建筑上产生流动时，画面的灵动感与韵律便有所增强。

聚焦人的视觉：人类的眼睛总是更容易捕捉到与周围事物有差异的物体，当黑暗中出现一个光点，我们常常一眼就能注意到这个光点，这便是聚焦了人们的视觉。这种情况在舞台上最为常见，当许多演员在同一舞台上表演时，导演会根据剧情而指引观众的视线走向。除了表演与台词外，灯光便成了非常重要的指引工具，哪个演员是观众需要注意的，往往这个演员所受灯光照射亮度是最亮的。在建筑的展示中也是如此，例如，安藤忠雄的光之教堂中墙面开了十字形的洞，当光线照射到室内，在整个空间中十字形最为亮眼。在建筑动画的夜景中，光的这一作用非常明显。在夜景中，建筑主体的灯光是画面中相对较亮，也是相对丰富的部分，这样可以使得观众在众多建筑中能一眼聚焦到建筑主体上。

2.2.4 影的基本概念

光与影相依相存，影是光的另一种存在方式，它的明暗也取决于光源的大小和亮度。光影交相辉映的形式给建筑空间表现带来了极大的发挥空间。建筑空间是静态的，但是影子随着时间或者人为的因素会发生改变，这就使得光照射到的静态建筑有了一张丰富的“脸”。这是影附着在建筑上所造成的艺术效果，而在适合的场景运用相应的光影语言，可以使整个建筑视觉效果更加出彩。

光的性质决定了影的实虚。一般来说，光源所传播的范围越广、离所照射的物体越远，它所形成的影子就越模糊黯淡，反之则情况相反。阴影在现代建筑的光影语言中起着关键的作用，光投射在建筑上所形成的阴影经过创作者的巧妙安排后，可以使其成为一个艺术品，甚至能将无序杂乱的阴影形成秩然有序、新颖别致的影之意境。

2.3 色彩

2.3.1 色彩的原理

人类通过形状和颜色认识世界，色彩是其中重要的部分。要了解色彩，首先需要了解色彩的基本原理，包括颜色是什么？我们为什么会看见颜色？为什么事物呈现的颜色会不一样？

著名物理学家牛顿通过三棱镜对光的折射研究发现了颜色，他观察到折射出的光与彩虹的颜色一样，分为红、橙、黄、绿、蓝、靛、紫，即第一个现代意义上的色彩光谱，为人们科学地研究和了解色彩奠定了基础。

光是颜色能被看见的首要条件。有光的存在，才能展示颜色，要了解色彩的原理，首先需要了解光的原理。

前面章节介绍了光的本质是电磁波，人眼可见的光称为可见光（图2-62）。

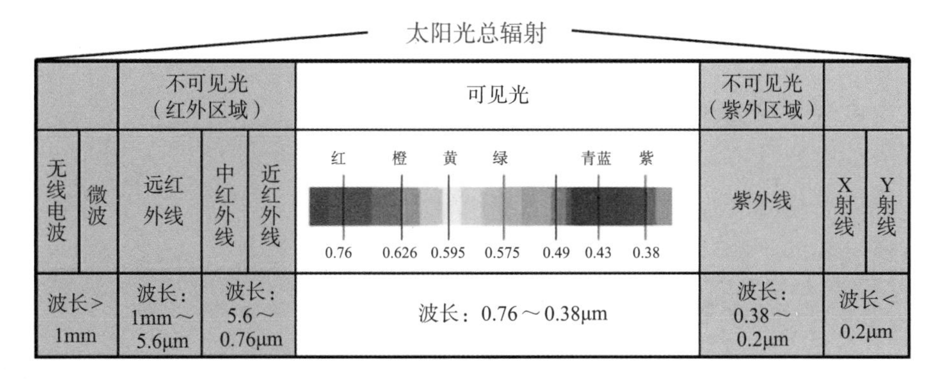

图2-62　波长图

我们看不见光的真实颜色（人造有色灯光除外），但能看见物体的颜色。物体有自生的固有色，当光源、物体和接收者三者关系建立后，光照射到物体上，物体会吸收部分光线和反射部分光线。反射光线的颜色，便是物体的固有色。

我们在三维软件中模拟光的三原色，并且观察红、绿、蓝照射到物体上的效果。白色不吸收光线，此处分别将地面和三个小球赋予纯白色材质，又分别设置了红、绿、蓝三盏灯光，渲染后如图2-63所示。

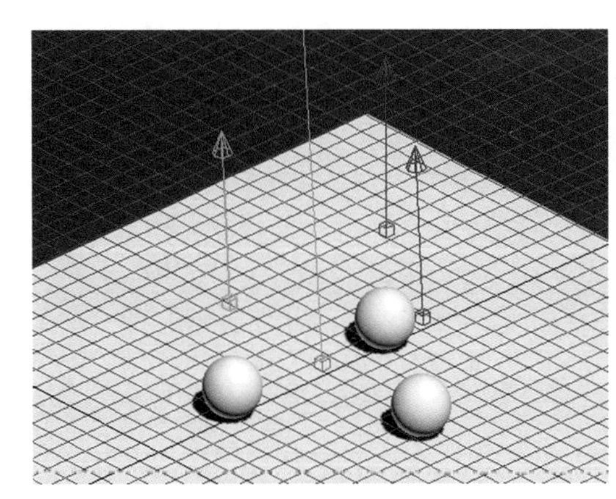
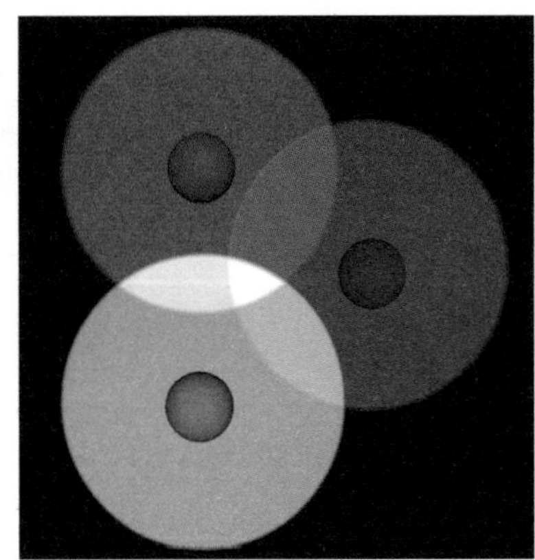

图2-63 三色光作用与白色小球效果

在图2-63中，当不同的灯光照射到小球上时，小球所呈现出来的颜色便是灯光本身的颜色。画面中同时出现了三盏灯光以外的颜色，这是不同灯光之间融合后出现的结果。

只是阳光照射的情况下，若不是特定时候的阳光和色彩偏向严重的情况下，物体所呈现出的颜色便是物体本身的固有色。当光的颜色有多种或严重的色彩偏向时，物体所反射的光会产生相应的变化，所呈现出的色彩也会有所差异。

2.3.2 色彩的基本概念

色彩有三个基本属性，分别为色相、明度和纯度。

（1）色相

色相是颜色的首要特征，是区别各种色彩的称谓，如黄色、红色、绿色、紫色。从光学角度上讲，不同长短的波长形成不同的颜色。红、橙、黄、绿、蓝、紫是光谱中的基本色光，人的眼睛可以分辨出大约180种色光，即我们所看到的所有颜色。

孟塞尔色环将颜色分为五大基本色，红、黄、绿、蓝、紫，将两种相邻色中分别加入红黄、黄绿、蓝绿、蓝紫、紫红（图2-64）。在相邻的两个位置间再均分10份，便形成100个刻度的色相环。

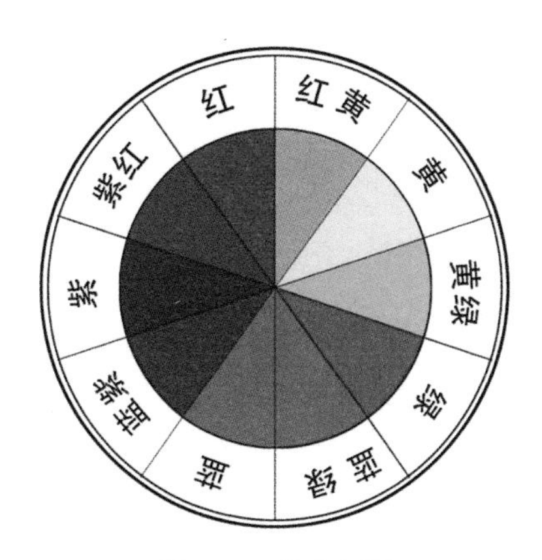

图2-64　基础色环

（2）明度

明度主要是通过颜色的明暗关系来区分，从黑到白为最直观的明度变化，而彩色的明度变化相对较复杂。

绘画时，我们看到的景物、人物一般是有颜色的，但初学者学习素描时，往往会通过绘制白色石膏物体来理解黑白灰中的明暗关系。当增添了颜色后，人的视觉感受会受到一定的影响，所以彩色的明暗变化相对复杂，但原理是相同的。明度的变化可以塑造一定的体积感，这也是明度在画面中的重要作用及体现。如图2-65所示，以白色球体为例，左图无任何明度变化，而右图在增加明度属性后有明显的体积感。

图2-65　有无明度变化效果对比

（3）纯度

纯度是指一个颜色的纯净程度或者饱和程度。如果掺杂其他颜色越多，那么颜色的纯度越低，反之则越高。颜色的饱和度越高，色彩就越艳丽，越低则相反。以Photoshop中的色板为例，分析以橙色为基础色，增添白色与黑色的情况下色彩所发生的变化情况。

在橙色中，加入白色越多，色彩明度越高，但纯度越低。白色加入过多，颜色会无限接近于白色；加入黑色，色彩明度与纯度都会降低。黑色加入过多，最终会无限靠近黑色。纯度较低的颜色在色彩中一般将其形容为色彩偏灰，如莫兰迪系列都属于偏灰的颜色。

从图2-66～图2-68中可以看出，在加入其他色彩的情况下，其明度、纯度和色相都会发生相应的变化，而且色彩的三个属性是相互影响的。

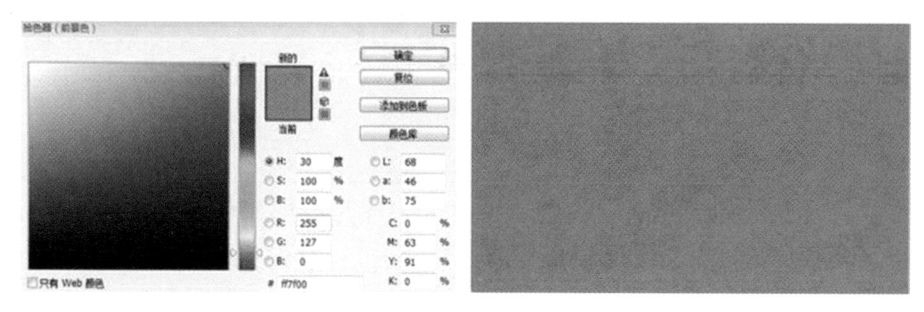

图2-66　不加黑白色下的橙色

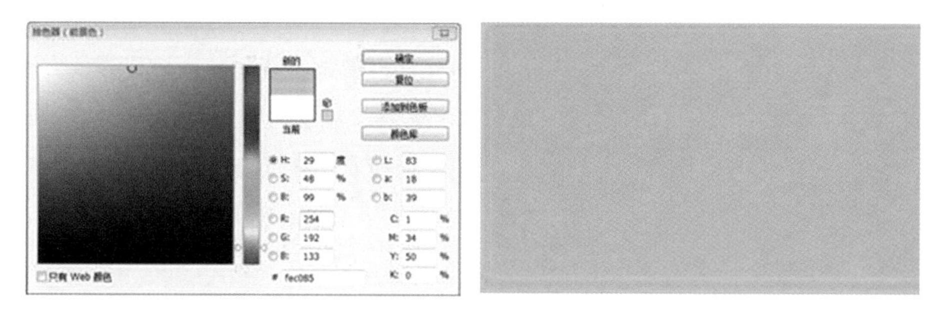

图2-67　加白色下的橙色

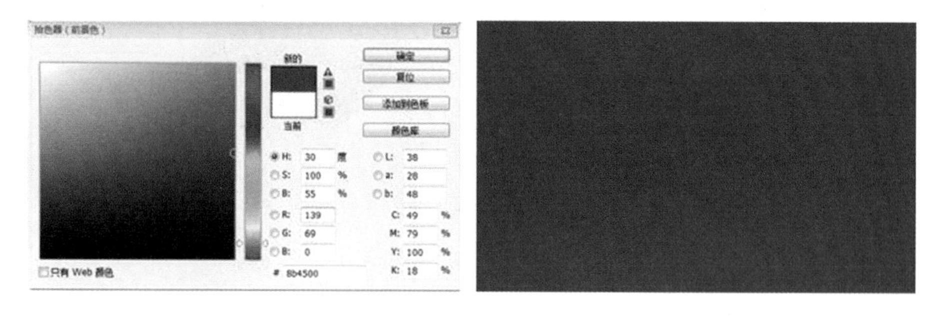

图2-68　加黑色下的橙色

如图2-69所示，将图2-66～图2-68的颜色进行比较。当颜色属性发生变化时，色彩带给人的感受也会相应地改变。从心理感受上而言，从左往右，颜色所带给人的感受分别是：活力、清新、沉稳。在视觉重量感上而言，从左往右，其重量感依次递减。当我们观察周围大部分建筑时，不难看出，绝大部分建筑都会采用偏向灰色系的色彩，这是因为灰色系相对纯色颜色而言，长期观看不会产生视觉疲劳。

图2-69　颜色对比

2.3.3 色彩的分类

色彩主要分为有色系和无色系（图2-70），有色系包括红、橙、黄、绿、青、蓝、紫及其中间的多种颜色，无色系主要指黑、白、灰和银色等颜色，其又可以称之为中性色。他们没有颜色倾向，在色彩属性上也仅受明度影响。

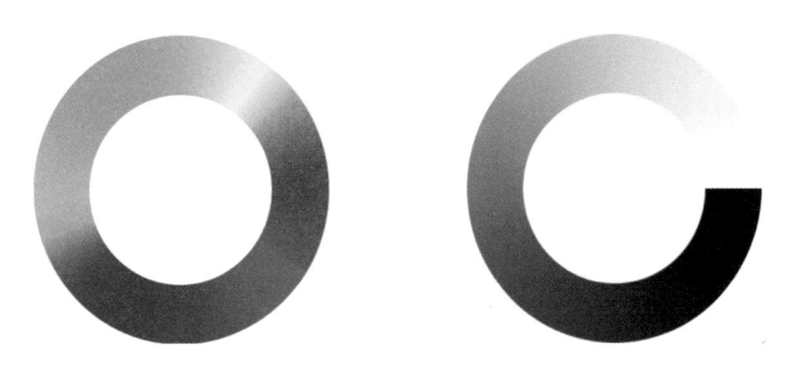

图2-70　有色系与无色系色环

将有色系色彩分为三原色、中间色和复合色；按颜色的色调，主要可以分为冷色、暖色和中间色；按照色彩的属性，可分为对比色、互补色和邻近色等。

（1）三原色

色彩和光照都具备三原色的属性，并且两者具有差异，色彩三原色为红、黄、蓝（图2-71）；光的三原色为红、绿、蓝（图2-72）。

图2-71 色彩三原色　　图2-72 光的三原色

（2）中间色

中间色主要指由三原色中的两个颜色同比例混合，如红色+黄色为橙色、蓝色+黄色为绿色，蓝色+红色为紫色，橙色、绿色和紫色为中间色，其余颜色则以此类推（图2-73）。

图2-73 中间色

（3）复合色

复合色主要指由三原色内其中的一种颜色与其中间色按同比例混合而得到的颜色，如橙色与红色混合得到橙红色，黄色与绿色混合得到黄绿色。

三原色、中间色与复合色共同组成了色彩的基础12色（图2-74）。

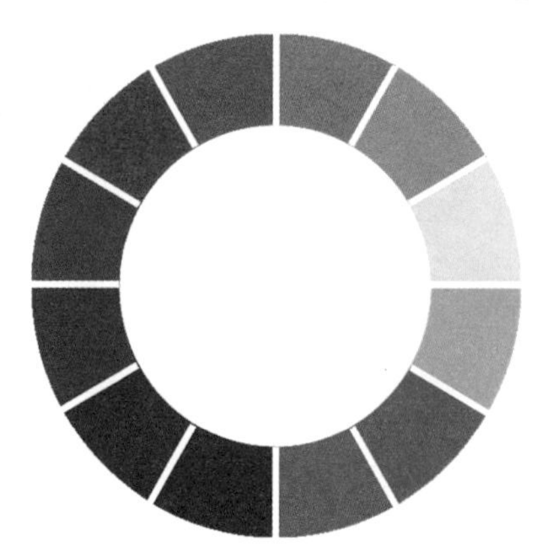

图2-74 基础12色环

根据颜色的色彩倾向，可以将颜色分为暖色和冷色（图2-75、图2-76），暖色主要以红色为主，冷色主要以蓝色为主。

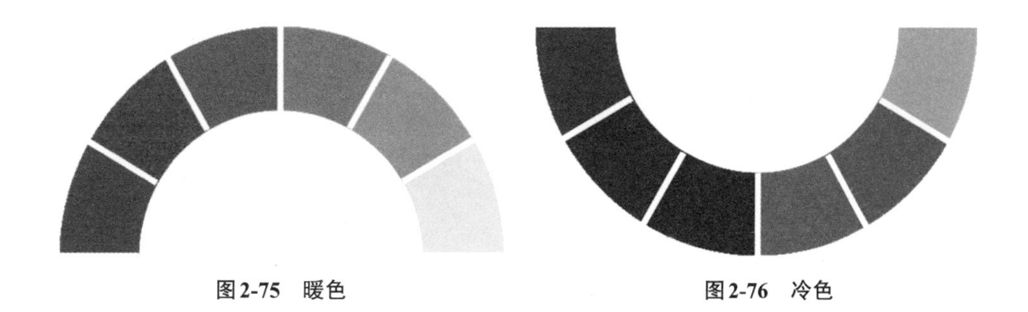

图2-75　暖色　　图2-76　冷色

按照色彩的属性，可将颜色分为对比色、互补色、邻近色（图2-77～图2-80）。

对比色指在色环中，夹角在120°～180°之间的颜色；互补色通常解释为处于互为补角的两种颜色，互补色是对比色中对比关系最为强烈的色彩；邻近色则指处于相邻位置的颜色，其对比关系较弱，相似性较高，在应用中色彩更为协调。

图2-77　色环

图2-78　对比色

图2-79　互补色

图2-80 邻近色

2.3.4 色彩对人的影响

不同色彩有不同的波长，不同波长带给人的视觉、心理感受都有所差异。当人们接收到某种颜色时，我们的视觉感官受到颜色的影响，从而会产生某种心理感受。暖色的波长较长，穿透力强，冲击力较大；冷色波长较短，穿透力弱，冲击力较小。暖色往往会具有兴奋、愉悦和热闹的心理元素；冷色则具有冷清、沉静、平稳的心理元素。

（1）色彩对人的视觉影响

颜色的空间感：处于同一平面上的颜色，在视觉上看来会有一定的空间感。在两种颜色之间，一个颜色在视觉感受上离我们更近，另一个相比之下则较远，这种对比在视觉感受上造成了具有前后空间感的假象，我们将感觉上更近的颜色叫作前进色，较远的颜色叫作后退色。暖色相较于冷色在视觉感受上离我们更近，饱和度高的颜色比饱和度低的颜色更近，明度高的颜色比明度低的颜色更近（图2-81～图2-83）。

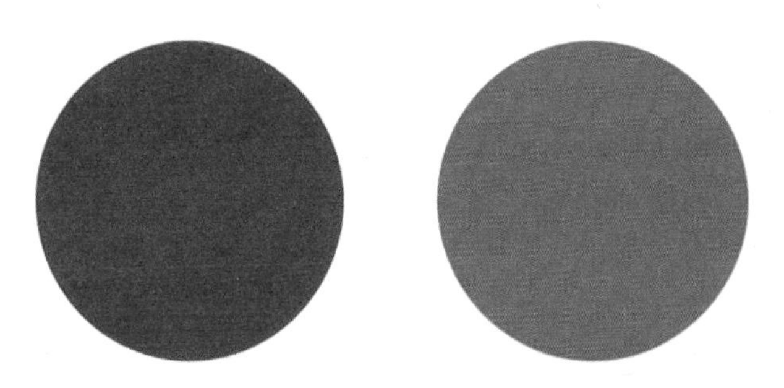

图2-81 冷色与暖色空间关系对比

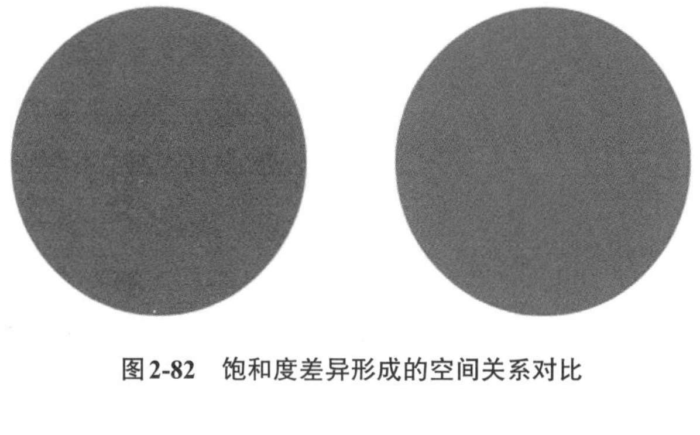

图2-82　饱和度差异形成的空间关系对比

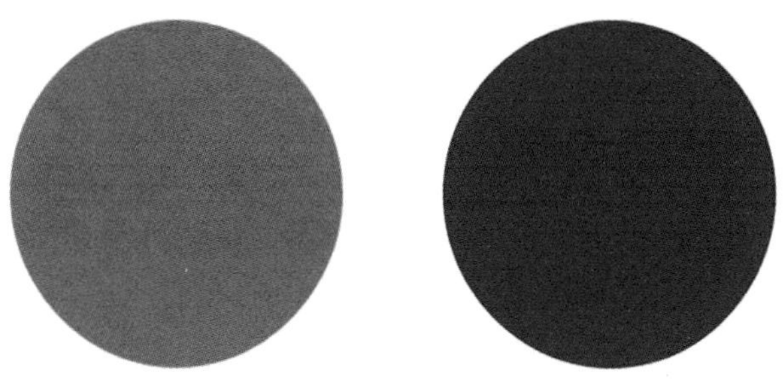

图2-83　明度差异形成的空间关系对比

颜色的重量感：颜色本没有重量，但人的视觉会根据颜色对比，赋予其重量感。在绘画时，重色的处理非常重要，或许其占比非常小，但添加重色后，画面的体积感、空间感和重量感立马就可以很好地体现，没有重色，画面就会显得没有重点。画面的重量感主要是由明度决定，明度越低，重量感越高；明度越高，重量感越低。

如图2-84所示，左边红色的两个圆，深色相比于浅色的重量感更高，而黑色与白色相比，黑色的重量感更重。四个颜色中，灰白色的明度最高，黑色最低，而重量感对比中，灰白色视觉重量感最轻，黑色最重。

图2-84　不同颜色明度差异形成的重量感对比

（2）色彩对心理的影响

色彩的联想：当我们看到某种颜色时，往往会想到它是在自然界中常见物体的固有色，不同的颜色会联想到相应的物体，从而产生情感上的联想感受。当看到蓝色时，多数情况会联想到大海、天空，给人宁静之感，蓝色常运用在需要保持安静或心情需要平静的场所，在医疗行业与部分企业运用中较为广泛；红色则会联想到辣椒、火焰和血液等，给人一种亢奋、激动、热辣的感觉。红色在中国代表着喜庆、吉祥和隆重，给人热情、喜气之感，极具中国特色，故宫则为红色应用中非常有代表性的建筑之一，且红色也常常应用在带有复古性特征的建筑上；绿色则会联想到森林、大树、绿叶，给人一种清新、凉爽和朝气蓬勃之感，在部分建筑中，会在建筑内部打造绿色景观，适量的绿色可以让建筑整体充满生机；粉红色则让人联想到樱花、桃花等花朵，代表着浪漫、温馨、可爱之感，在用于服务对象为女性或婴幼儿的建筑中较为常见，以医院为例，部分医院妇产科的颜色会以粉色为装饰色；灰色是一种中性色，有时会搭配鲜艳的颜色一起使用，灰色给人正式、专业和现代之感。

色彩对人的影响主要表现在视觉感受和情感体会上，在建筑动画中，建筑本身服务于人，故在颜色应用上也应从人的视觉与心理感受出发，各个不同职能、针对不同人群的建筑，其运用的颜色不同。企业办公楼多以灰色或饱和度较低的颜色为主，营造正式、理性、现代之感；针对年轻群体的建筑，建筑色彩则更鲜艳，并且颜色也更丰富。

2.3.5 冷色调在动画中的运用

冷色主要以蓝色、绿色为主，这也属于生活中最为常见的色彩。冷色调相较于暖色调而言，给人的心理感受更沉稳、平和。例如，当我们心情急躁时，若在海边或绿植较多的公园散散步，心情便会得到很大的改善。在冷暖色中没有绝对固定的冷与暖，这是一种相对的属性。

在建筑动画中，冷色调的运用主要可以从建筑本身配色、场景灯光、植物景观等多方面综合考虑。建筑的职能对色调的选择和应用有较大影响，如医院、办公楼和工业园区等建筑多采用冷色调。在动画中，画面中的焦点为建筑主体，建筑主体的色彩与职能基本决定了整个画面的基调，当画面基调定位为冷色调时，在周围配楼、景观和灯光方面避免大面积使用饱和度较高的暖色，但场景中冷色面积过大时会显得过于单调，色彩缺乏对比，整个画面层次感较低。因此需要在冷色基础背景上添加少许调和色，如白色、粉色，黄色和银色等，这些颜色既可以丰富画面效果，又不会破坏画面氛围。

下面将通过具体的案例，探索冷色调在动画中的运用。

案例为某学校的科创园，建筑主要由灰色外墙和大面积玻璃幕墙组成，整个建筑色彩是呈现中性色。根据建筑的职能，本建筑与科技内容有关且外形简洁，具有现代感、科技感的属性。

本案例中的玻璃幕墙会反射大量的周围色彩，主要反射内容为天空、景观与周围建筑颜色，整个画面以冷色调为基调。根据前面对该建筑职能和特点的分析，可以确定冷色调更适合当前案例。自然环境下，编者意在创作一个日景效果，以便能更好地展示玻璃幕墙。在调节太阳高度及角度方面，考虑到建筑能被照亮的情况下，阳光照射到建筑上会使得玻璃幕墙反射效果更强，但阳光亮度不宜太高，避免太多暖色因素影响画面。如图2-85所示，考虑到离观众较近的是左边大面积的玻璃幕墙，因此阳光的角度选择在左边位置，但太阳亮度较低，大面积的蓝天中包含少量的云彩，而玻璃会反射天空及周围环境，使得画面更丰富。整个画面基调为冷色调。

图2-85 某学校科创园未添加景观及周围配景阶段

目前画面未添加景观内容，景观大部分为绿色植被，绿色相对更偏向于冷色。画面中的色彩主要以蓝色和绿色为主，色彩上过于单一，在景观布置上，可以添加少量暖色植物，适量添加动态人物，使画面色彩更加丰富的同时更具生气，如图2-86所示。

图2-86　某学校科创园添加景观及人物后效果

冷色调在动画中起到的最重要的作用就是强调画面氛围与情绪的表达。根据建筑的职能来决定画面的基础色调。冷色调的运用会让整个建筑的氛围感更强，在心理上使人平静。

2.3.6 暖色调在动画中的运用

上述相关内容中提到暖色，主要以红色、橙色的邻近色为主，暖色给人温暖、活泼和热情之感，往往使人第一反应想到的就是火、阳光和鲜花等物体，但大面积地使用暖色或暖色过于饱和，长时间观看会给人压迫、紧张的感觉。

暖色建筑主要以主题建筑、人群针对性较强的建筑及部分仿古建筑而存在，例如幼儿园或部分主题公园建筑。在前文中有所提及，如红色有中国红之说，红色在中国是非常喜庆的颜色，在一些古建项目上，明度较低的暗红色出镜率较高，用来营造一种古朴典雅、具有文化底蕴之感，整体建筑呈现暖色感觉。幼儿园、对象以女性为主或打造童话浪漫氛围的建筑多以暖色为主。暖色调为主的建筑在生活中相对偏少，往往是因为需要打造一种相对特殊的环境而使用暖色建筑。在动画表现上，要根据建筑本身的职能、针对人群和体现何种氛围等内容，以此选择合适的基调、加强画面氛围感及强调建筑表现效果。

下面将通过具体的案例，探索暖色调在动画中的运用。

本次案例选择了新中式风格的学校案例来进行颜色比对，该案例固有材质为大面积红砖结合小面积灰白的混凝土材质，具有一种古典大气之感，大面积的红色砖墙已经为画面奠定了一定的基础色调，通过对建筑综合分析，此建筑使用暖色调更为合适。本次案例选择学校图书馆为示范案例，分析暖色调在室外建筑动画中的应用。

本画面内的建筑主体主要由大面积红色砖墙、少量灰色砖墙、部分玻璃幕墙及绿化带组成，画面基础基调为暖色调。室外主要通过光影营造氛围感，首先需要设置太阳的高度及方向。选择的太阳高度略高于水平线，由于画面中红墙的占据面积较大，在选择太阳角度时，将大面积红墙作为受光面，画面中的黑白灰关系会相对比较协调，且色彩基调更明显。如图2-87所示，红墙为背光面，画面内的黑色面积过多，色彩基调不明显。变换阳光角度，如图2-88所示，红墙被照亮后，画面基调明确，且细节更丰富。

图2-87　某学校图书馆

暖色在画面中的应用还包括配景、植物以及人物和其他装饰内容。如图2-89所示，添加了景观部分，大部分景观位于背景位置，其内容不明显，主要起到丰富画面的作用。随后，添加少量的暖色植物及带有暖色元素的动态人物，不仅丰富了场景画面，在色彩上也打破了一片绿的景观配色，让暖色元素与建筑相呼应，从而营造画面氛围。

图2-88 某学校图书馆阳光角度调整

图2-89 某学校图书馆景观及色彩调节

2.3.7 对比色与互补色在动画中的运用

在前文中，我们已经介绍了对比色与互补色的概念，这里就不再赘述。在建筑动画中，对比色与互补色主要运用于以下几种情况：一为物体的对比色与互补色的应用；二为光的对比色与互补色的应用；三为物体色彩与彩色光的对比色与互补色的应用。每种应用情况所展现出的效果有较大的区别，在日景环境下，通常第一时间被注意到的颜色为该物体的物体色，物体色之间的对比是最为直观且明显的，而光与物体间的对比色饱和度会更低一点；在夜景环境下，光的色彩在画面内则较为突出，可通过调整光与物体间的对比色来烘托画面氛围。

（1）互补色与对比色在物体色彩上的运用

室外场景中对比色与互补色之间的应用主要是通过建筑主体、周围建筑与景观环境之间色彩上的对比，一般而言建筑主体的色彩是确定的，但创作者可以根据画面的整体效果，对建筑物色彩的明度及纯度进行调整。室内场景中则主要运用在墙、家具、地板及其他装饰物方面。室内场景是较为封闭的空间，在这个空间中，色彩能够直接影响整个空间的效果，空间内对比色或互补色使用恰当比例可以给人视觉上产生平衡感，增添空间的生动性。但由于在对比色中，色彩间的对比效果强烈，大面积使用对比色会导致观众长期处于强烈的视觉刺激空间内，对人心理造成一定的压力感，一般情况下对比色或互补色不会大面积应用在室内。

如图2-90所示，此处改变了室内书桌的色彩，书桌的蓝色与椅子的橙色互为互补色，对于米白色的书桌而言，编者以为蓝色的书桌可以让画面更活泼，且色彩更丰富。

图2-90 室内互补色运用效果

（2）互补色与对比色在有色光上的运用

若两种颜色混合在一起形成白色，那么这两种光称为互补色光，但白色光需要两种互补色光达到一定比例时才可以形成，否则将会形成其他混合颜色；对比色光会更易形成其他第三种光色。在建筑照明中，灯光的布置应较为简洁，适宜淡雅不宜浓艳，在建筑动画中也应遵守这一规则。使用对比色或互补色时，根据建筑的造型及特点合理布置，一般大面积或同等面积使用这两种类型的色彩较少。如一栋建筑在外立面上有一定的造型或装饰，以打橙黄色灯光为例，根据前述色彩心理学内容，橙黄色给人温暖的心理感受，当大面积亮度较高的橙黄色照亮建筑外立面时，在建筑有装饰或特点之处布置饱和度较低、明度较高的互补色——紫色光或对比色——蓝色，增添建筑的丰富性与层次感，从而更好地塑造建筑形象。

（3）互补色与对比色在物体色彩与有色光的应用

物体色彩与有色光的应用，主要是有色光作用在有色物体上的表现，在讲解灯光部分探究有色光对物体色彩的影响中，有色光会改变物体的颜色，根据有色光的色相、亮度与明度在不同程度上影响物体色彩，让物体色彩产生其他倾向。如图2-91所示，蓝色书桌在橙色光的照射下，桌面相对白色光下的书桌在颜色上稍有一点偏绿色，可见对比色或互补色光可以在一定程度上改变物体色彩，在应用过程中，应注意有色光对物体色产生的影响，以此合理调整场景内光的亮度与饱和度。

图2-91　室内互补色光运用效果

2.3.8 周围色彩

以上两节简单叙述了冷色、暖色、对比色及互补色在动画中的运用，本节主要针对除了建筑本身材质的固有色外，配景建筑、天气、景观色彩等周围的色彩因素对画面整体的影响。建筑主体不变，不同的环境色彩可以影响人们视觉的焦点、画面的空间关系和整体画面的色彩关系。例如，当一个建筑整体呈现为冷色调，画面中冷调倾向色偏多，若出现适量的暖色，画面中便有了冷暖对比关系，使画面层次感更丰富。在建筑动画中，画面中建筑主体为冷色或暖色，若周围色彩和主体颜色倾向一致，画面内的色彩变化较为单一，便可以在周围环境中适量加入其他颜色，适当的均衡画面的色彩，以便更有利于建筑主体的效果呈现。在遇到项目中建筑包含大面积玻璃幕墙材质的情况下，周围环境对于建筑主体以及画面的影响则更加突出。玻璃能较好反射周围环境，建筑主体的色彩也会随周围环境的变化而产生一定的改变。

下面通过一个简单的例子来探究说明周围色彩对于画面的影响，案例为某学校综合楼与艺术馆的组合建筑，如图2-92所示，艺术馆主要为橙红色木质材质，综合楼则由大量的玻璃幕墙组成，幕墙对周围环境反光面积较大，画面中还使用了大量景观植物做修饰。简单改变周围景观的颜色，建筑主体周围环境发生改变，观察画面的细微区别。

对比图2-92左右两图可以看出，右图相比于左图在前景植物上做了颜色变化，左图为绿色植物，右图将植物调整为黄色植物。相较于左图而言，右图更具有秋季的氛围感，左图则偏向于夏季感。

图2-92 某校综合楼与艺术馆周围环境变化对比

画面中虽只是个别单体在颜色上的改变，但整个画面效果和氛围感都会受到相应的影响，周围环境变化越大，画面所受的影响越大。在周围环境的搭配中，每个创作者的选择有所不同，主要根据大环境和创作者想要表现的最终效果来选择合适的配景及周围的色彩搭配，没有绝对的正确选择。

2.3.9 光照环境

在光的作用及效果章节中，介绍了在不同的灯光或自然光情况下建筑的展现效果，自然光一般指天空光照和阳光，在建筑动画内主要通过模拟太阳光照来理解自然光照对环境色彩的影响；人造光对环境色彩的影响就相对复杂，灯光的颜色、亮度、位置等设置及摆放比较主观，创作者可以根据建筑的类型与场景环境综合考虑灯光的设置与摆放，从而改变画面建筑及环境色彩。人造光在画面中不仅可以起到照明效果，还可以营造画面氛围，突出建筑的特质，强调建筑的职能，进一步感染观众。室外环境一般以模拟阳光及天空光照等自然光照为主，室内则需要依靠人造光的相关设计来打造空间感和氛围感。

以室外日景建筑动画为例，室外光照效果主要是通过模拟太阳光照来照亮整个场景，自然光照的方向和角度决定了整个场景的明暗面方向、受光面与阴影面面积大小；光照强度则影响画面的整体亮度和画面中物体的色彩表现。阳光强度越强，画面色彩受阳光的影响越强，画面中物体明度越高，饱和度降低，整体色彩会稍微偏向黄色；阳光越弱，画面色彩受阳光的影响相对较弱，画面中物体明度越低，画面整体色彩稍微偏向蓝色，如图2-93所示。

图2-93　某校教学楼模拟太阳强弱对画面的色彩影响
（左图阳光强度较弱，右图阳光强度较强）

清晨、正午、傍晚，在不同时间与季节，室外光照效果都有所区别，从而影响建筑的体积与场景的氛围表现，在室外建筑动画中，光照环境首先决定了画面的黑白灰关系。图2-94为某学校部分教学楼局部展示，在其他条件不变的情况下，改变阳光的照射方向，可以观察到画面内明暗面的强烈变化。右图相比左图而言，画面内黑白灰的比例不均衡，暗面过多且实黑部分明显，画面细节较弱；左图黑白灰比例相对平衡，整个画面光照感觉较好，且表现内容较多，细节更丰富。

图2-94　某校教学楼模拟太阳光照方向受光面与暗部对比

在处理自然光照环境的时候，尽量避免为了大规模地照亮环境，而过度调节光照强度，导致整个画面过亮甚至出现曝光情况。如图2-95所示，右图中将太阳亮度调高，与左图相比，画面背光部分并没有被提亮，相反明暗对比更加强烈。

图2-95　某校教学楼单纯调节阳光强度效果对比

在多数情况下，单纯的自然光无法照亮画面中的所有角落，如图2-96所示，左图中加强了阳光的强度却仍无法照亮受光死角部分，这种情况需要借助人造光以用于照亮局部位置。如图2-96中右图所示，在过于实黑的部位添加合适的灯光，使画面整体黑白灰关系更和谐，暗部有一定的光影变化，让画面暗部更通透，空间层次感更丰富。

图2-96　某校教学楼暗部受光变化对比

（左图为暗部未添加灯光效果，右图为添加灯光效果）

光照环境对画面的黑白灰关系与色彩有着较大的影响，位置、方向决定了画面背光面与受光面，光照的强弱对画面中的物体色彩倾向、色彩的饱和度、色彩的明度有一定影响，从而决定着整个建筑动画画面的色彩感觉。

2.3.10　色彩在建筑动画中的作用及效果

色彩在建筑动画中的作用及效果主要通过主观色彩与客观色彩互相混合，来形成最终的画面效果。以室外场景为例，主观色彩主要包括天空色彩与环境色彩，其创意空间较大，如场景环境可以是晴空万里，也可以是乌云密布；可以是春色盎然，也可以是白雪皑皑；可以是清晨，也可以是夜晚。客观色彩则主要是物体的固有色，建筑主体有特定材质，其固有色彩是固定不变的，从上述章节中，我们可以了解到光对色彩有一定的影响，但影响程度有限。

没有色彩，画面便只有黑白灰三种颜色，如图2-97中左图所示，可以观察到画面中物体的体积和空间位置，但建筑主体及其他物体的材质难以体现，且画面氛围较弱；在增添了色彩后，能更为清晰地观察到物体的材质，这使得画面层次感更丰富，氛围表现感更强烈。

图2-97　某校综合楼有无色彩对比图

通过前几章节对色彩的介绍与分析，结合上述内容，色彩的主要作用是为更好地塑造建筑主体形象、渲染画面氛围、为整个建筑奠定基调。结合不同建筑的特点和职能，运用建筑整体的色彩倾向与搭配来展现建筑的魅力，通过影响观众的感情从而产生情感上的共鸣。色彩与情绪密切相关，不同的色彩会对人的情绪产生不同的影响，色彩不仅仅是一种视觉感受，也是一种对心灵的触动。在画面中，色彩更多的是对人的情绪与心理产生影响，在建筑动画里想要将建筑营造成何种场景氛围，给人何种心理感受，很大程度上由画面内直观的色彩表现来决定。

在动画中，色彩不单单指物体的色彩，还包含灯光的颜色与画面整体的环境色彩，这些都为更好地展现及塑造建筑、烘托场景氛围起了至关重要的作用。在上几节案例中，选择了不同案例对冷暖色、光照环境、周围环境等几个影响色彩的因素做了简单分析与对比，可以发现不同的色彩因素呈现出的效果有较大的差异。颜色的影响是客观的，但创作者的创作表现是根据主观想法对这些因素进行相应地改变与搭配，在视觉效果上没有绝对的对与错，这主要根据创作者需求与表现效果来选择更为适宜的表现形式。

2.4 镜头

2.4.1 镜头的基本概念

镜头是指摄像机从开始摄影到停止摄影过程中所拍摄的连续画面，这段连续画面为一个独立镜头。一段完整的影视作品由多个镜头组成段落，再由多个段落组成影片，镜头是所有影视作品的基础组成。在建筑动画中，摄影机则由软件中的模拟摄影机代替，由于建筑是一个静止的物体，这时则需要对摄影机做关键帧动画，两个关键帧之间所拍摄的连续画面则是一个独立镜头。

镜头的组成元素主要包括景别、角度与镜头运动，由这三个元素共同决定画面。

镜头的角度是指拍摄时，摄像机与被摄主体所构成的几何角度。当我们在三维软件中设置虚拟摄像机时，主要通过设置摄像机的高度与拍摄方向来控制摄像机画面。

在建筑动画里，摄像机的高度往往决定了我们将以一种怎样的视角去观察建筑物，不同高度所构成的画面带给人的心理感受也不一样，因此创作者需要去选择合适的画面角度及视点来营造不同的场景氛围。

2.4.2 镜头规范

在制作建筑动画前，我们首先要清楚本次制作的动画用途、展现形式、展现场合是怎样的，只有确定了这些，才方便我们开展下一步的制作工作。

一般来说，没有特殊用途的情况下，建筑动画尺寸采用全高清1920 × 1080的分辨率，也可采用高清1280 × 720的分辨率，16∶9的画面比例更适应主流的宽屏液晶显示器，也更加贴近人眼的视觉特性。

在制作建筑动画时，我们通常将帧速率设置为每秒25帧，这符合我国电视制式PAL制的标准，PAL制式是每秒记录25幅画面。

在进行摄像机镜头的设置时，需要在视图内打开安全框的显示，动作安全框内的区域属于镜头的渲染范围，超过动作安全框外的物体则无法渲染。

建筑动画是虚拟的，是创作者将脑海中场景画面具象化的表现。在实际制作建筑动画的时候，创作者需要依据之前确定好的镜头脚本来创建相应的镜头，之后再通过后期剪辑师将镜头组接在一起，形成一个完整的建筑动画。其中，需要明确该建筑动画要展示的具体内容以及各场景烘托的是一种怎样的环境氛围，只有提前梳理了相应内容才便于我们进行渲染角度的选取和使用对应的镜头。

2.4.3 镜头类型

镜头是直接表现画面内容的重要途径，选择一个合适的镜头去表现创作者的思想至关重要。根据镜头焦距的不同，镜头可分为标准镜头、广角镜头及长焦距镜头等；根据镜头角度的不同，镜头可分为鸟瞰镜头、平视镜头、仰视镜头、俯视镜头；根据拍摄时间的不同，镜头可分为长镜头、短镜头。学会运用丰富多样的镜头类型有利于更好地表达创作者想要塑造的建筑形象。

1.根据镜头焦距分类

软件内的虚拟摄像机是模拟现实中的摄像机属性来进行设置的，因此在摄影方面的有关知识也可以运用到动画上来。根据画面中表达视野及角度的不同，所使用的摄像机参数也需要进行相应的调整（图2-98）。

以小型照相机（135型）为例，一般来说，标准镜头指焦距为50mm左右的镜头总称，它的特点是画面内所呈现的景象能达到最为正常的视觉效果。广角镜头指焦距范围在17～35mm之间的镜头，这种镜头的视野范围广阔并加强了景物的透视感，使得画面更具张力和感染力。长焦距镜头为焦距范围在135mm以上的镜头，这种镜头主要使用在远景拍摄上，它会让远处的被摄主体在镜头画面内得到放大并变得突出。

标准镜头的焦距所展现出来的景物的透视关系最符合人眼的视觉效果，画面内所呈现的物体也更加真实。但摄像机的移动频率不像人眼那样频繁，50mm的焦距范围会使得整个画面范围显得狭窄。考虑到使画面更适宜观看的情况下，我们通常会设置虚拟摄像机焦距在28（室内）～35mm（室外）之间。

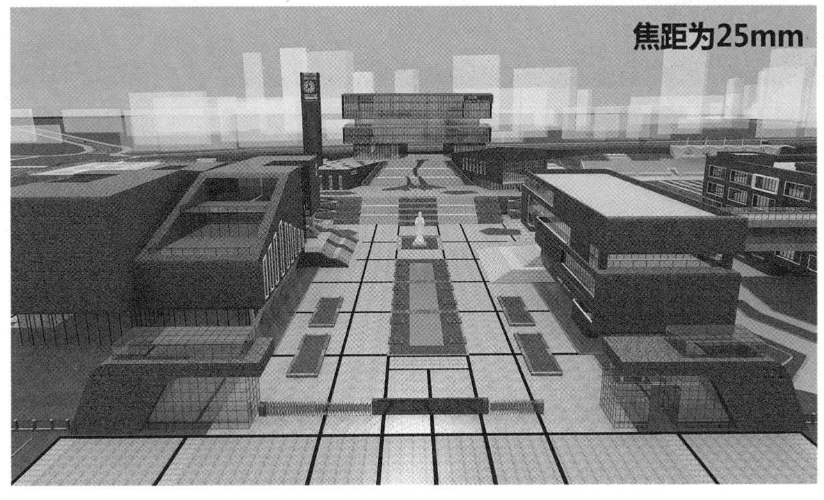

图2-98　摄像机在同一位置，使用不同镜头焦距时拍摄的画面

2.根据镜头角度分类

在建筑动画里，根据摄像机及被摄主体之间位置与角度的关系，通常将镜头分为平视镜头、鸟瞰镜头、俯视镜头及仰视镜头四类。下面将以某消防站为例，通过不同角度的构图来分别阐述这四类镜头的特点。

如图2-99所示，这是以平视镜头展现的一次画面构图。平视镜头一般指摄像机视角与被摄主体之间保持水平方向的镜头，这种镜头常常用来呈现人的水平视角所看到的建筑景物画面，比较符合日常生活中人眼所观察的景象，通过建立观者与建筑主体之间的平等关系，使得人能够更快地沉浸在场景中。在图中可以观察到，图中的建筑被背后的青山及前面的绿化树木环绕，整个画面呈现出自然舒适的效果。并且建筑及其他景物的透视感正常，环境氛围亲切、平和，但建筑及周围树木、树木及树木之间的层次感与空间感表现不够强烈。

图2-99　平视镜头

鸟瞰镜头属于一种极端的俯视镜头，顾名思义这种镜头是在模拟天空中飞翔的鸟类从上往下看的视角，给人一种居高临下的感觉。如图2-100所示，图中的建筑处在画面的中心，观众的视线不受任何阻碍，能够清晰明了地看到建筑及其周围道路、树木的环境关系，周围的树木从中心由密及疏，整个画面显得较为饱和、平衡。

一般来说，展现建筑的区位关系离不开鸟瞰镜头，它所展现的范围非常广阔，常用来表现城市地形、建筑景物及其周边道路关系，同时，鸟瞰镜头由于内容数量多、地域范围广，整个画面具有气势恢宏、震撼壮阔之感。

图2-100　鸟瞰镜头

俯视镜头是镜头处于拍摄物体之上，使摄像机视轴偏向视平线下方由高往下拍摄的一种拍摄方式。如图2-101所示，俯视镜头的高度没有鸟瞰镜头那么高，所要呈现的范围也没有鸟瞰镜头那么大，被摄建筑约占了画面的五分之二，建筑细节较鸟瞰图中表现得更加清楚，建筑的外观、形态相比鸟瞰图中所展现的内容更易使人观察和理解。

图2-101　俯视镜头

在建筑动画中，俯视镜头常用来表现小范围内建筑的环境和建筑群的规划情况，这种自上而下、由高向低的拍摄方式所营造了一种规范、形式、象征的气氛。俯视镜头也是对建筑主体进行展现和说明的一种表现形式。

仰视镜头是镜头处于拍摄物体之下，使摄像机视轴偏向视平线上方，由低向高进行拍摄的一种拍摄方式。如图2-102所示，较前三类镜头不同的是，仰视镜头很明显地拉近了摄像机与被摄主体之间的距离，并且通过这样自下向上的拍摄方式增强了被摄物体的高大感和气势感。仰视镜头的拍摄方式会使建筑的透视发生明显变化，创作者可利用这一特点大胆地进行创意构图，使用合适的透视关系和视点来放大建筑物的魅力之处。

图2-102 仰视镜头

由于仰视镜头具有很强的视觉冲击力，常常用来强调和突出建筑物本身的某些特征，营造出庄严而宏伟的画面效果。

3.根据拍摄时间分类

根据镜头路径从起点至终点时画面所耗费的时间不同，可将镜头分为长镜头、短镜头。长镜头和短镜头作为一种拍摄手法，时长并无明确的规定。

长镜头具有"一镜到底"的特性，中间没有间断或插入其他镜头，更贴近生活，具有一定的纪实意义。这样有着连续不断空间画面的镜头使人更有代入感，让人身临其境。尽管是虚拟的三维动画，但观众结合在建筑动画中漫游的感觉及记忆，可以想象出在现实环境中建筑的空间构造和与场景内其他物体之间的空间关系。这便是长镜头的艺术价值所在，它往往模拟了人的视角去观察建筑，并使用连贯的画面去观察建筑的真实模样，使得观众在观看的过程中更有亲密感和真实感。长镜头使用的是单一镜头，创作者所选择的视角和漫游路径至关重要，观众会跟随创作者的思路和镜头去感受认识场景内的建筑空间及其景物，进而沉浸在动画中观察和体会建筑环境所被赋予的情感与画面氛围。

在快节奏的现代社会下，观众有的时候往往想在更短的时间内看到更多、更丰富的内容，这就需要用到短镜头。短镜头是相对于长镜头而言的，通常情况下也将一般镜头默认为短镜头。当我们创建一个短镜头时，首先要确保这个镜头中的画面内容能被观众理解清楚，其次镜头不应过于拖沓，以观众能够充分了解画面中涵盖的信息为准。一般而言，动感、轻快、色调明亮的情况下通常会使用到短镜头，短镜头可以持续地引起人们的兴趣及刺激感，也使得观众能够快速地从画面中获取到自己想要的信息。如果一个建筑动画场景中涵盖的信息量很少，内容变化也不是很丰富，在这个情况下使用长镜头是不太适宜的，合理地运用多个短镜头组合画面既可以从多个角度全方位的观察建筑的形态和空间关系，又可以避免过长无意义的镜头出现。

2.4.4 画面中物体的位置关系

当我们仔细观察动画里的建筑及其所处环境时，可以注意到，建筑动画将物体间的纵横空间关系表现得十分清楚，画面内物体主次分明，一般所要表现的建筑作为画面主体，周围的树木、人物、配套设施等物体作为陪体，在充分展现主体建筑特点的同时，有陪体的衬托使得周围环境不会显得过于单调。因此，画面中物体的位置关系也是我们需要研究的对象，而这需要遵循人的“视觉特性”。在建筑动画中，存在运动的人或物，其位置和朝向随时可能发生变化，如操作不当可能会使三维虚拟场景下发生奇怪的错误，而这很有可能是现实生活中不会发生的，比如物体穿模、模型重复闪烁等情况，如果提前考虑到这些情况的发生，那么我们就可以在错误发生前规避它们。

在研究画面中物体的位置关系时，我们需要先了解“景别”及不同“景别”所运用的场合及作用，不同场景下所要展现的画面效果、表达情感不同，所包含的内容物自然也是不一样的。

1. 景别的定义

景别是被摄主体与摄像机因距离不同而产生的不同画面范围，摄像机与被摄主体间的距离越远，拍摄画面范围越大；距离越近，拍摄画面范围越小。

无论是摄像还是摄影，我们都会发现这样的规律，当确定了拍摄主体后，摄影机离主体越近，那么主体在画面中的占比就越多，周围的环境因素就越少；摄影机离主体越远时，那么主体在画面中所占比例就越少，周围环境因素就越多。

不同的景别会带给观众不同的视觉效果与情感体会。

2. 景别的分类

通过被摄主体与摄影机的距离或使用变焦镜头拍摄不同范围的画面，将景别分为远景、全景、中景、近景、特写五类。在影视作品中，景别的分类主要是通过被摄主体在画面中所占面积比例决定。在电影电视中主要以人为主体，所以用人物所占画面的比例作为标准来对景别做出分类，方便理解与学习。在建筑动画中，被摄主体以建筑为主，按影视作品中以拍摄人的比例的经验为标准，将其运用到建筑动画中。

3. 景别的作用及效果

景别是组成镜头画面不可缺少的重要元素之一，不同的景别有着不同的作用及效果。上述简单介绍了景别的分类，本节主要介绍不同景别所带来的视觉效果及相应的作用。

（1）远景

远景镜头又被称为广角镜头，镜头视野宽广，画面包含的内容也非常丰富。在远景镜头里，主体占据画面范围较小，主要用来表现场景中广阔的空间环境，营造气势恢宏的氛围感。在建筑动画里，这种景别的镜头常用来作为动画的开场或者结尾。

如图2-103所示，用大远景来展示建筑主体及其周边环境的内容。主体建筑在画面中占据面积较小，观众可以很直观地看到建筑主体周围高低错落的配楼、交叉纵横的城市道路和充满生命力的景观植物等物体，主体建筑被周围配景、绿植和道路所环绕于中心位置，在交代建筑主体位置的同时展现了建筑的规模。由于视角广阔、画面内容丰富，配合光影及云雾效果，整个画面营造出了大气蓬勃、气势恢宏的视觉效果。但在远景画面中，观众仅能大致了解建筑主体的外部造型及主要材质，无法观察其细节部分。

图2-103　远景

（2）全景

以拍摄人物为标准，完整展示人物及交代人物与周围环境关系的景别称之为全景。运用到建筑动画中，则把能展示建筑主体全貌及建筑与周边环境关系的景别称之为全景。相较于远景而言，全景画面中建筑主体所占面积较大，周围环境内容与建筑主体的关系更加明显。在全景画面中，建筑主体的细节得到了更多的展示。

图2-104为某商业体全景画面，这个画面中建筑主体占据画面的大部分面积，且建筑主体得到了完整的展示，建筑周围有少量背景配楼，建筑前方有交叉路口，建筑的细节部分得到了更清晰的展示，包括建筑形式、玻璃幕墙、幕墙在周围环境影响下形成的反射效果和建筑内部的绿化等。

图2-104　某商业体全景画面

（3）中景

中景是介于全景与近景之间，在电视、电影中以人物膝盖为界限，在建筑动画中，中景展现建筑主体大面积的局部内容，但不展示建筑的全貌。中景画面一般会选择建筑比较具有特色和有表现力的局部进行展示。中景的画面表现力与感染力较强，在建筑动画中是常用的景别之一。

如图2-105所示，画面中展示了建筑主体的局部内容，我们从中能观察到项目错落有致的独特设计及楼层之间的空间布局，建筑的部分材质也得到了更清晰的展示，如顶层跑道的设计，跑道底下所运用的材质也能很清楚地观察到，但主体建筑并未占满整个画面，场景中仍然包含了少量的景观及道路等环境内容。中景将建筑更细致地展现到观众面前，拉近了人与建筑的距离，增强了观众的现场感。

图2-105　某商业体中景画面

（4）近景

近景以人为参考依据，表现人胸部以上画面称之为近景，在建筑动画中，则是场景中局部细节的展示。近景能更充分地展现建筑的细部特征，并且拉近人与建筑的距离感，增强建筑感染力。

如图2-106所示，此处运用了近景展现建筑的细节部分，大量的玻璃幕墙应用是本项目一大特色，在近景画面中，可以更加清楚直观地观察到玻璃材质在环境中细小的变化，位置的不同使得每一片玻璃中的反射细节表现存在差异。在画面中还能观察到部分结构的具体走向。这些细节的展示，让建筑与观众在视觉上形成近距离的交流，进一步拉近了两者之间的距离，从而感染观众情绪并使之留下深刻印象。在建筑动画中，近景也是运用较多的景别之一。

图2-106　某商业体近景画面

（5）特写

特写以人为参考标准，指人肩部以上或某一局部细节的展示，如手、脚、鞋带和纽扣等，同理运用到建筑动画中，主要是展现建筑主体或场景内容中一些细微的局部。特写进一步描述细节，强调建筑的细部特征，让观众的视线进一步聚焦到建筑或画面中某个特定点上，强调其特点。在现实生活中，观众很难如此近距离观察到这些细小画面，如在古建筑中，特写可以展现房梁上的精美雕花、大门上精致的门扣和房顶上独特的脊兽；在一些材质或造型特殊的建筑展示中，可以更细致地观察材质的纹理、结构及造型等微观部位。特写的展示会让整个动画更丰富，观看的角度更多元，在视觉效果上有一定的冲击力和感染力，给观众留下深刻印象。特写常用作整个动画的点睛之笔（图2-107）。

图2-107　某商业体特写画面

4.景别的组合原则

在建筑动画中，创作者会根据不同的情感与内容选择不同的景别进行建筑展示，并形成单个完整独立的镜头，但完整的作品需要多个镜头组接而成，如何更好地将镜头进行组接，在一定程度上需要遵循景别的组合原则，但这不是绝对的，特殊的表达可能需要打破一定的原则来展示相应内容。

景别组合不恰当会让观众产生观影上的不适感，且作品得到的反馈会相对较差。在景别组合中，有时会存在相同景别与相似内容组合后的画面会更加流畅的情况，但我们应该尽量避免同一物体相似角度、相同景别的画面组合在一起，因为人的眼睛有视觉残留功能，有了这个功能，我们才能将多张静止的画面进行组合且在视觉上形成动态画面。当画面内容太过相似，会使人产生一直在看同一画面的视觉感受；多个同一景别的镜头组合在一起，也会使人产生视觉疲劳感。所以在景别组合中，尽量选择景别有差异，或景别相似但角度或主体内容不同的镜头相组合。

在景别组合中，常用的组接方式包括以下几种：

（1）远景—全景—中景—近景—特写

这种组合用推进的方式，范围从大到小，从整体到局部展示主体建筑，且在这个过程中不断调动观众情绪。这种组合方式常运用于动画开场，先向观众展示建筑主体所处的位置及周围环境，再慢慢到主体内容本身，从大场景到小细节，一步步展示建筑主体。

（2）特写—近景—中景—全景—远景

这是一种后退式的组接方式，与推进组合的方向刚好相反，范围从小到大，从细节到全貌，一开始就将观众的注意力牢牢把握，再逐步展示建筑主体全貌，最后展示整个大场景。这种组合方式一般而言画面速度较为缓慢，随着场景内容的慢慢扩大，观众的情绪由开始的紧张兴奋到后面渐渐缓和，最后归于平静，这种组合方式常运用于片尾。

（3）多种景别相互穿插

多种景别穿插的组合方式创造性很强，是常用的组合方式，可以多角度多方面地展现建筑不同的细节。

（4）同景别画面相结合

这种组合方式会让画面更流畅，且能通过不同角度对建筑进行全面展示，但相似的景别在组合上尽量避免时间过长。长时间观看相似景别的画面会给人造成视觉疲劳感，从而影响观众的观影情绪。

在生活中，眼睛盯着某一距离的事物过久，可以通过改变观看的事物或距离来缓解视觉疲劳。在建筑动画中也应注意这个问题，建筑动画的展示相比于影视作品的内容而言，故事性较弱，在景别的组合中，更应注意通过多景别的组合方式，来灵活多变地展示建筑。

如图2-108、图2-109所示，两个镜头之间只有角度上的差异，景别相同且主体物一致，两个镜头组合在一起会给人造成一定的重复感。

图2-108　建筑动画缓慢摇镜头1

图2-109　建筑动画缓慢摇镜头2

如图2-110、图2-111所示，以上两个景别同为全景镜头，它们之间相组接，但角度和展示内容有了较大改变。一个为慢摇镜头，一个为慢推镜头，在镜头运动上也有所区别。这样的组合方式，会给人视觉上造成差异感，不会因为内容太接近而造成视觉疲劳。

图2-110　建筑动画缓慢摇镜头

图2-111 建筑动画慢推镜头

特写与特写之间的组接也应特别注意，一般情况下，尽量避免连续几个特写镜头组接在一起，如图2-112～图2-114所示，由于特写镜头中被摄物体与镜头之间距离太近，会给人造成压迫感，连续几个特写镜头组接在一起，其压迫感更加强烈。

图2-112 特写镜头1

图2-113　特写镜头2

图2-114 特写镜头3

在景别组合中，既要能表现创作者的意图，又要使画面流畅且能够聚焦观众的视线。

上述两个例子为同景别组合方式，所表现的内容与效果也有所差异。

（5）远景—特写、特写—远景或全景—特写、特写—全景

这种组合方式由于画面相差较大，会给观众造成较强的视觉冲击感，如图2-115、图2-116所示，分别为远景镜头与特写镜头，这两个景别的镜头组接在一起，视觉上跳跃过大。在建筑动画中较少使用，但部分创作者也运用这种组合方式来表现其特别的创作意图。少量两级镜头的组接可以增强画面的活泼感，让观众在注意到建筑整体的同时也能了解建筑的局部细节，增强观众对建筑主体的认知。

图2-115　建筑动画远景

图2-116　建筑动画特写

5.场景布置

建筑动画除固定建筑外，配景及其他装饰内容的布置也尤为重要，配景的合理摆放、前中后景的位置关系可以营造和突出场景的空间感与层次感，让画面内容更丰富，主体更突出。

在场景应用中，建筑主体确定后，根据建筑主体所处的位置、应用的场景、主体建筑的风格等内容对配景进行设计。例如商业建筑，周围配景需要有较多的商场、高楼、行驶的车辆及运动的人群，用来烘托此建筑所在地带的热闹繁华；山间的休闲别墅，周围配景则主要以自然景观为主，搭配柔和精致的小路灯，营造宁静舒适之感；在画面内添加上空飞翔或林间休憩的小鸟，为画面注入了活力，进一步加强了场景的氛围感。

建筑动画中，全景、中景、近景较多，大远景较少，在设置镜头的过程中，有时会遇到因为场景布置的原因，导致镜头出现遮挡、画面物体过多、前景配景太少显得画面失衡等情况。在单个镜头中可以对配景进行一定的修改，但注意不能太过于明显，否则可能会造成逻辑上的混乱和观众观影上的不适。

如图2-117所示，以某学校体育馆为例，画面中仅有建筑主体，没有相关配景，虽然可以完全突出建筑主体，但画面展示内容过于单调且空间感较弱。

图2-117 某学校体育馆（未加景观效果展示）

如图2-118所示，在体育馆两边的景观台上添加植物景观，与图2-117相对比可以看出，图2-118中内容更丰富，但建筑主体和大多数自然景观处于画面的中景部分，有少量植物在建筑的靠后位置，充当背景部分。前景和背景中缺少配景可以进行空间上的对比，整个画面的空间感、层次感较弱，且缺乏学校具有的活力感与朝气蓬勃的氛围感。

图2-118　某学校体育馆（增添周边效果展示）

如图2-119所示，背景部分增加了简单配楼且配楼有远近、大小的区别，在丰富场景内容的同时，前景、中景和背景间形成了一定的空间感。画面前景部分草坪占据空间较大，画面内容较为单一。

图2-119　某学校体育馆（增添背景内容）

如图2-120所示，前景中的草坪为用于休闲运动的足球场，在图2-119的基础上，前景部分增加了适量运动和休闲聊天的动态人物形象，动态形象为画面注入动态元素的同时让画面更具活力与动感，丰富了前景内容。前景内容的丰富使画面的空间感与层次感更加强烈，进一步增添了画面的朝气与活力。

图2-120 某学校体育馆（增添前景内容）

通过以上案例可以看出，场景中配景内容的布置对画面最终所呈现出的效果起着较大的影响。在部分场景中，画面内容可能会因为场景中内容较少，导致画面过于单调或较多的内容导致画面过于繁杂。根据每个画面的需求和展示效果不同，可以增加或减少部分已有的内容，但不能对整个场景产生过大的影响。在场景布置上，可以先确定景别、角度等内容，再根据画面的空间关系，考虑前中后景的布置及相关内容的调整；根据建筑主体的职能和所处的地理位置，适量添加配景，使场景中内容更丰富，并在更贴近于真实的情况下，使得画面增添了一定的艺术感。

2.4.5 镜头运动

建筑动画的运动是在时间线上发生的，场景里的物体随着时间的流动而运动，由于建筑作为动画的表现主体，它不具备主动“运动”的能力，而使得建筑动画“动”起来的因素繁多，其中主要是由摄像机镜头与被摄画面的相对运动造成的，另外还包括其他的动态元素，如飘动的云朵、运动中的人、行驶的车辆、风中的落叶等。多种动态方式的组合使得画面三维空间关系更加立体丰富，也显得虚拟场景更加真实，观众对其所表达的画面印象更为深刻。

为了充分展现建筑的外观、功能、内外部空间以及周边环境，整个画面不能再局限于使用固定镜头，我们需要使用运动的镜头对建筑进行多方位多角度的展示。

这里的运动镜头指的是由于摄像机的不同运动方式而形成的动态镜头，它所发挥的作用十分关键。不同于固定镜头会受到画面框架固定不变的局限性，运动镜头可以自由地通过改变摄像机机位、光轴、焦距等属性来控制对拍摄内容的表达，从而构成一个动静结合、和谐统一和多层次的视觉空间。

1. 推镜头

推镜头指将摄像机的位置向被摄主体推进时所拍摄的镜头，或者通过改变镜头的焦距使得画面视角缩小，而达到同样能让被摄主体在画面中呈现由远及近的视觉效果的拍摄手法。

如图2-121所示，画面表现的是镜头推近的一个过程，在这里并没有更改摄像机的机位，只是将摄像机的镜头焦距增加了，在镜头推近的过程中，可以看到被摄主体在画面中所占的篇幅越来越大，建筑上的标志、镜面中的倒影等细节部分呈现得也越来越清晰。

在建筑动画中我们常常使用推镜头来表现建筑整体及局部的关系。随着镜头与被摄主体之间的距离减少，镜头画面内的景物会逐渐放大，同时建筑及周边景物的细节也会表现得越来越清晰。推镜头是一种按照由远及近的顺序来表现建筑的拍摄手法，通常在画面的一开始呈现的是一个大而完整的建筑全貌，随着画面范围不断地缩小，最后表现为某个局部的特写，这也突出了局部的细节和特征。

推镜头强调的是一种画面的进入感。这种进入感可以表现为靠近一个庞大的建筑群、一个敞开门的房间、一个整洁有序的露天通道、一个鲜花漫布的拱廊等。通过这样由远及近、由整体到局部的拍摄方式，虽然视觉范围在缩小，但在这个过程中，观众可以明显感受到目标景物越来越清晰，甚至在最后有种被摄物体近在眼前的错觉，拉近了观众与被摄物的距离，增强了与观众的互动性。

2. 拉镜头

拉镜头指将摄像机远离被摄主体时拍摄的镜头，也能通过变换焦距而使得被摄主体在画面中呈现由近及远的视觉效果的拍摄方式。

拉镜头和推镜头相反，拉镜头表现的是被摄主体的范围在画面里由大变小、同时周围环境范围随之变大的过程。最初观众所能看到的可能是建筑的局部或者是环境内的某个部分，随着镜头的拉远，画面视野范围会逐步地扩展，观众能更多地观察到周围环境中存在的其他物体并且可以持续地从画面中获取更多的信息。

图2-121 推镜头展示画面

如图2-122所示，这组图很形象地表现了拉镜头的过程。场景画面的主体是某栋教学楼，在镜头向外拉的过程中，画面主体渐渐变小，学校场景全貌逐渐显现，这样的运动过程可以引起观众的好奇心，观众会期待下一个画面内出现什么，在第三张图时观众可以看到两边建筑以及周边的环境情况，并且镜头和画面主体已有一定的距离，画面中主要的表现内容已经发生了变化。

拉镜头展现的是一种镜头拉远，画面后退的过程，它最初使观众看到的仅是画面中的一个局部，这个局部信息具有一定的局限性，随着画面范围不断地向外扩展，创作者想要给观众传递的信息就越加地明朗。在这个过程中，不仅激发了观众的好奇心和想象力，也增强了建筑环境中所营造的情感氛围和感染力。

3.移动镜头

移动镜头指摄像机放置在可活动物体上并朝固定方向进行运动拍摄的镜头。移动镜头具有时刻运动的特性，并有拓展视野的作用，它展现的是画面中连续发生变化的一个过程。随着镜头移动轨迹的变化所拍摄的画面也会发生连续性的改变，因此移动镜头带给人的既视感很强，所形成的画面完整度也比较高。

建筑在画面中是静态的，但是环境中的人流、车流、水流等都处于运动状态，这就使得建筑动画里静中有动，动中有静。同样镜头的移动也会使得画面内的景物发生相应的改变。这样一来，通过镜头以及画面内物体运动的方向、速度和形式等多方面因素形成对比，可形成多层次、多景别的具有真实画面效果的场景动画。

当被摄主体处于动态时，镜头可以跟随被摄主体运动，它将焦点聚集在被摄主体上，观众会不自觉地被已设计好的镜头路径所牵引。这种跟镜头增强了个人代入感，也有利于创作者绘制出更生动、更有艺术性的镜头画面。

如图2-123所示，画面展示的是学校湖畔边的动画漫游，通过移动镜头往湖中心方向缓慢地前进，画面内波光粼粼的湖面上，倒影也随着镜头前进而进行着推动，场景中微风轻轻吹拂着杨柳，野鸭在湖中心觅食，鸟儿在湖面上方翱翔，整个移动镜头表现了场景内连续发生的画面，并且这样节奏缓慢、饱含意蕴的表现形式营造了一种静谧和谐的环境氛围，也使观众对于该环境有着一种轻松舒适的观看印象。

图2-122 拉镜头展示画面

图2-123　移动镜头展示画面

4. 摇镜头

摇镜头指在摄像机位置不动的情况下，通过改变镜头的角度方向来进行拍摄的形式。它所形成的是类似于人眼观察四周景物而观看到的镜头画面，具有一定的连续性和完整性。

摇镜头因为存在位置不变的特点，所以通过摇镜头拍摄形成的场景动画，画面范围具有局限性，但角度的任意变化又导致了摇镜头拍摄的视角十分自由，因此它能传递出比较丰富和连贯的视觉画面，同时观众在这个动画里也能很清晰地观察到环境中建筑及周边景物之间存在的地理和空间关系。摇镜头可以模拟第一视角下观看场景的主观镜头，这种镜头可以提高观众的参与感，进一步加深观众对场景的印象。

如图2-124所示，这是从一个摇镜头中截取的三张图片。运用摇镜头的呈现方式很好地介绍了所在环境，首先第一张图表现的是学校操场以及临近的几个教学楼，第二张图可以看到在离镜头最近处还有一栋造型不一的教学楼，而第三张图上展示的建筑明显相对于前两张图片而言有一定距离。这是我们从图中获取到的关于建筑的地理方位信息，而建筑动画则会将其展现得更为连贯清楚。

5. 升降镜头

升降镜头指摄像机固定在升降装置上，随着装置做升降运动所拍摄的镜头，它强调的是在垂直空间上物体之间的位置逻辑关系及画面的纵向表现形式，主要通过改变机位的高度营造出多层次、多纵深的空间感。

在建筑动画里经常采用升降镜头来表现大场景，针对大场景来说，场景里包含着此起彼伏的建筑群和其他景观，想要较为完整地表现场景里各个建筑之间的位置排列关系，镜头的高度就要远远高于被摄建筑群，同时在这里运用升降镜头可以更好地展现建筑物体的各个局部特征。随着摄像机高度的变化，镜头中的被摄主体也在逐渐发生变化，同时画面构图以及其所营造的情景氛围也会因此而改变。

在制作升降镜头时，随着摄像机机位的升高，远处的景物没有了近处物体的遮挡而随之显现，最后呈现的是包含所有地上建筑、街道及其他景物的大场景；机位下降则与之相反，在机位下降的过程中，最初广阔宏大的场景画面范围逐渐变小，同时地上建筑景物随着摄像机越来越接近于地面而逐步放大。

升降镜头也用来表现建筑整体或局部的某种特性，例如升镜头是作自下而上的运动，随着高度的上升，画面范围扩大，被摄主体逐渐变得矮小，这种带有高度转

图2-124　摇镜头展示画面

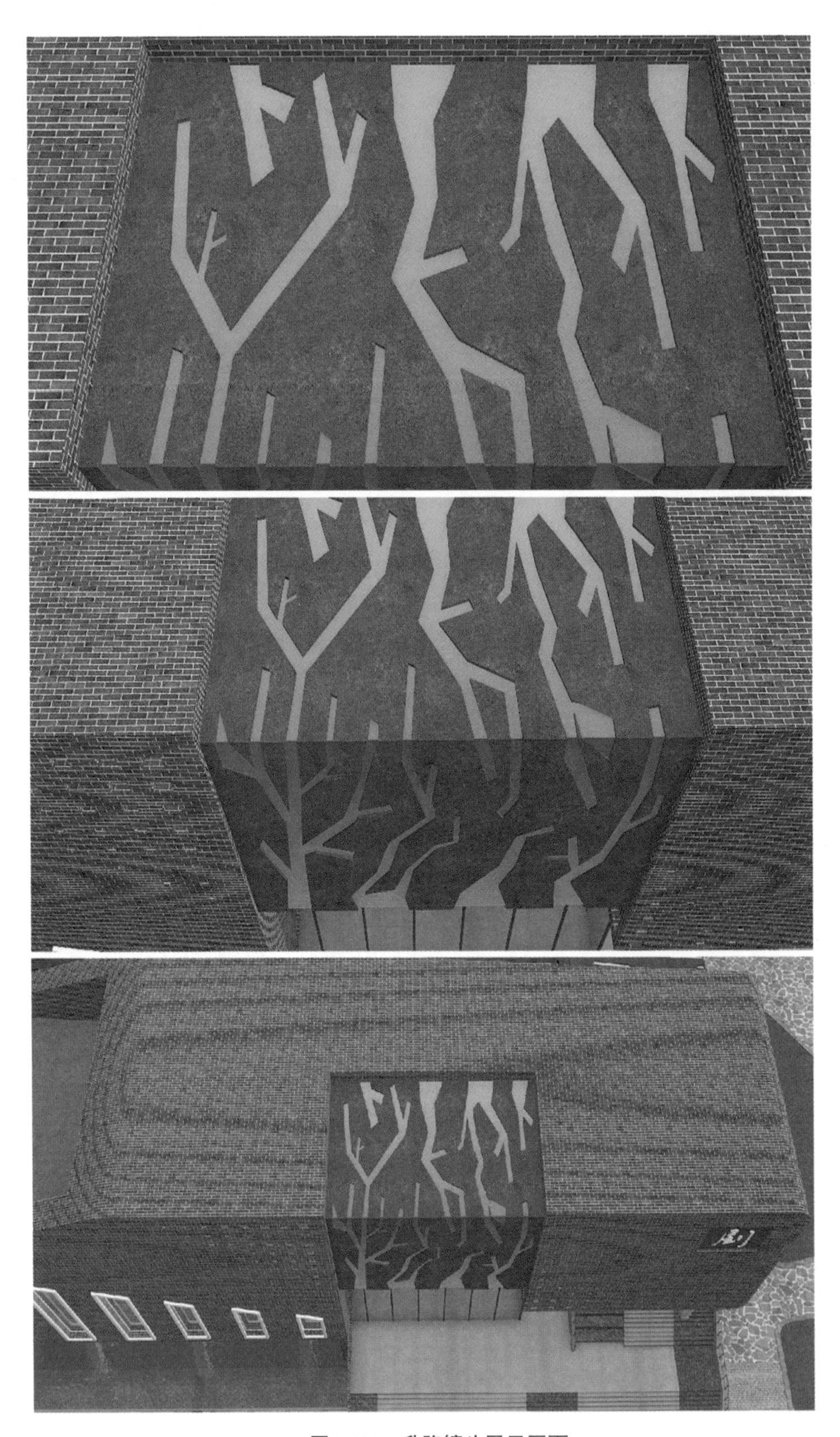

图2-125 升降镜头展示画面

换的镜头运动往往给人一种恢宏大气的视觉体验；降镜头则是一种自上而下的运动，镜头高度降低，被摄物逐渐被抬高，突出被摄物磅礴的气势与高大的形象。升降镜头在一定程度上打破了观众的观看习惯，从而给视觉上带来一定的冲击感，引起观众的兴趣，与此同时也很好地传递了建筑环境中设计者想要表达的信息。

6.运动路径

同一个场景模型被不同的建筑动画设计者拿到后，所制作出来的建筑动画都会有一定的差异，除了动画质量和效果的差异外，最主要还是创作者对场景中建筑的表现思路及表现手法的不同。其中，由于运动路径贯穿了整个建筑动画，它的设计直观地展现了创作者的思维方式。我们也可以发现，在同一个场景中，能够通过改变运动路径来转换观众的视觉焦点，以达到表现同个建筑不同特点的目的。

建筑动画和市场上现有的影视动画相比，很大的区别在于影视动画有着丰富的人物表演情节，而建筑动画的表现主体是建筑，它的剧情感和叙事性比较弱，并且前后镜头可能在逻辑上关联性较弱，但在这个过程里也能呈现创作者想要表达的某种思想和情感。

镜头的运动路径像一根线一样牵引着观众，引导其进入创作者想要表现的建筑场景中。在创作建筑动画时，由创作者决定展示给观众的内容、形式以及时间，并根据其提前拟定好的脚本来设置摄像机的运动路径，在整个建筑动画里，创作者想要表现的主题推动着画面的发展与表现。

而建筑动画的魅力也在于此。随着移动视点的变化，带给观众的观看体验也会发生改变，并且在不同的镜头中建筑所呈现的美感也不尽相同。建筑动画的画面长度由摄像机的路径和速度控制，同时摄像机的焦距、角度以及速度的变化都直接影响到画面内景物的数量以及范围，所烘托出的环境氛围也会因其改变而有所差异。

在设计建筑动画运动路径时，运动路径的长短对于创作者进行建筑取景具有一定的重要性。过长的运动路径可能会因时间过长或重复的景色过多且缺少变化而使人产生视觉疲劳，而过短的运动路径则可能使建筑及景物在画面内晃眼而过，让人觉得过于仓促且不知所云。因此在不同的场景中，需要采取适宜长度的镜头路径进行表现。

（1）长路径

长路径遵循“一镜到底”的原则，且长路径的镜头具备持续时间长且画面不间断的特点，根据现实游览建筑环境的路径所形成的镜头动画具有较强的真实感。

长路径镜头能够很好地展现建筑的空间，适用于表现建筑动画中各个建筑之间的空间关系和建筑空间内物体之间的完整性，具有一定的纪实意义。通常在大、小鸟瞰和对细节画面进行展示时会使用到长镜头。长镜头使用得当会使得动画的逻辑关系更加清晰。在虚拟建筑中使用长镜头，会使人联想到现实环境中的游览路径，从而使得整个建筑动画更加真实、自然、生动。

如图2-126所示，画面为一个长路径镜头示意图。第一张图的镜头是在某校入口处拍摄的，若将远处的教学楼作为参照物，从该教学楼的前后变化来看，可以看出第二张图镜头的方向是在往教学楼的方向移动，并在接近道路分岔口处有转弯的趋势，第三张图为镜头停留在道路分岔口转弯处拍摄的照片，第四张图为镜头完全右转后拍摄形成的画面。从四张图片来看，第一张和第二张的内容是有联系的，但从第三张开始画面的内容物发生了较大的改变，如果想要这四张图产生一定的关联性，那么必须要使用长镜头来表现漫游路径，使观众从头到尾地观看并了解处在画面内建筑前后之间的空间和地理逻辑关系。

在表现某种具有特殊意义的建筑场景时，创作者也会采用长镜头的方式来拍摄画面，并配合适宜的音乐营造场景氛围，使得整个动画更具有独特的艺术意境，同时也能给观众带来无限的遐想及对场景产生情与景的交融。

（2）中等路径

在建筑动画中较为常见的应该是使用运动路径既不会太长、也不会过短的镜头，因为短路径所展示的镜头画面内容物较为有限，而长路径由于有着较长的时间和运动路径也不宜过多使用。在这里中等路径也是一个相对概念，它是区别于长路径、短路径而言的。中等路径的镜头具有时长适宜这一方面的优势，既可以更多地展现建筑及景物之间的空间关系，也不会因为时间过长而使人感到视觉疲劳，因此在建筑动画中使用的次数较为频繁。

如图2-127所示，画面是中等路径镜头下的三张图片。从图片的内容变化来看，镜头的路径发生了一定的移动，观众的视角从面向建筑变成了右侧靠近建筑，画面内展示的主体内容也发生了改变。在这里，画面还使用了透视牵引构图，操场上的分道线起到了牵引线的作用，使观众视线聚集在分道线前方的同时还可以观察到操场周边的景色。很明显长路径、短路径都不适用于这个镜头，使用长路径会因为画面缺乏变化而显得枯燥，使用短路径则会因表达主体不明确、展示时间过短而使观众产生疑惑。

图2-126　长路径镜头

图2-127 中等路径镜头

在建筑动画中，不同于长路径和短路径镜头的特殊使用，中等路径所形成的镜头往往穿插在整个建筑场景动画片段中，创作者通常使用中等路径的镜头来联系每个镜头之间的逻辑关系，这样能够更好地对各个建筑之间的地理空间以及造型、内部结构关系进行表达和说明。

（3）短路径

短路径指建筑动画的漫游路径较短。虽然短路径镜头的展示时间可能只有短短几秒，但在这几秒内也足够使得观众观察到建筑物的外形轮廓、颜色材质等特征，并且在镜头缓慢的移动下，观众可以更细致地观察建筑或场景局部。

运用短路径形成的镜头，常用于使用多个短镜头剪辑形成一段完整的建筑视频。由于镜头运动路径较短，在有限的时间内如何让画面更好地展示建筑及景物等内容，就需要经过创作者推敲设计了。

在展示建筑物时，找到一个能够突出建筑物特征的角度和运动路径是关键。当镜头的移动距离比较短时，可以通过增长镜头运动的时间来对画面进行细节展示，这样所形成的镜头往往速度不会太快，它的特点是会缓慢且匀速地展示画面内容，且在表现建筑立面时经常会用到这样的短路径镜头。由于每个镜头展示的时间不会太长，且画面的角度、所展示的主题各异，所以观众在观看由这样的短镜头剪辑而成的建筑动画时，每个镜头都能带来新鲜的感受与体验，同时还可以在短时间内了解到整个建筑动画中更多的内容。

如图2-128所示，此为一个使用短路径形成的建筑动画的片段展示，可以看出由短路径形成的动画的表现主体明确。从第一张图到第三张图是镜头从左往右做平移运动的过程，虽然表现建筑主体为同一个，画面内也没有复杂的运动个体，但在这个过程中建筑主体从“入镜”到“出镜”，画面中的内容时时刻刻都在发生变化，并且在这个变化过程中完整地展现了该建筑立面的造型特点，观众可以在展示动画时详细地观察该立面的细节部分。

使用短路径的镜头还有一个特征，因为每个镜头之间的间隔时间短，所以相邻镜头所展示的画面颜色及风格之间的差异将被放大，创作者可利用这一特点，使用对比的表现手法来突出建筑动画主题。通过多个短镜头的画面曲折变化叠加在一起，可以给观众带来极大的震慑和冲击力，进而留下深刻印象。

图2-128　短路径镜头

（4）无路径

当摄像机在原地不动，且镜头焦距、角度都没有发生改变的情况下所拍摄的镜头为固定镜头。这样的镜头画面没有产生任何路径，建筑动画里常常使用这样无路径的固定镜头来烘托场景氛围，进而以此来表达蕴含在镜头画面内的深刻情感。

固定镜头下的画面场景范围是不会发生改变的，也就意味着画面的构图处在一种趋于稳定的状态，这类似于我们目不转睛地去注视某样东西，也更方便我们观察在静止环境下画面内动态物体的运动路径和节奏变化，同时相对静态、稳定的画面也会带给我们一种平和、安静的心理状态。适当地使用无路径的固定镜头，可以使得观众从不同场景的节奏变化中静下心来，去更细致地观察在固定镜头内的画面内容。

如图2-129所示，画面为一个固定镜头动画，观众可以从画面内看到场景在将近傍晚时的环境变化，在画面中除了太阳角度的改变导致了场景光影的变化外，不存在其他动态的元素。这样的画面只适合快速的环境表现，一般用来烘托场景氛围或用作转场使用，使人的视线短暂地在画面中停留，以此表现某处场景在某时刻段发生的变化。

如图2-130所示，画面为一个表现湖边景色的固定镜头，镜头使用了框架式构图，前景部分的杨柳随着微风轻轻摆动，同时画面里还发生了一些细微的改变，比如湖中游动的水鸭、漂浮移动的浮萍、画面上掠过的水鸟，还有湖面上荡漾起伏的涟漪，给人营造了一种安逸、宁静、和谐的氛围。

在建筑动画中，固定镜头一般用于两个方面，一方面是用在远景、全景的场合下，固定镜头可以很好地展现画面全局的整体变化和周围的环境特征。另一方面则是在表现某一场景或建筑局部的场合下、使用固定镜头来具体展现在某一时刻建筑局部细节及其环境所烘托的氛围和表达的情感。

无摄像机路径的固定镜头使得观众更能集中注意力在画面上，但如果场景内的建筑及其周围配景过于单调或者缺乏运动的话则会容易使人产生视觉疲劳，且固定镜头使用过多会显得整个动画很零碎，而合理地使用固定镜头可以营造出稳定性强、环境氛围浓厚的画面效果。

图2-129　固定镜头1

图2-130 固定镜头2

第3章

建筑动画的艺术表现

3.1 比例与尺度

动画都是用一个个矩形框来记录事实，矩形框就是设计者用以表达动画全部内容的窗口，窗口被称作画幅，它有着明显的边缘。无论在建筑动画镜头中的虚拟世界是怎样的，它都是由一个特定比例的矩形框来展现的（图3-1）。

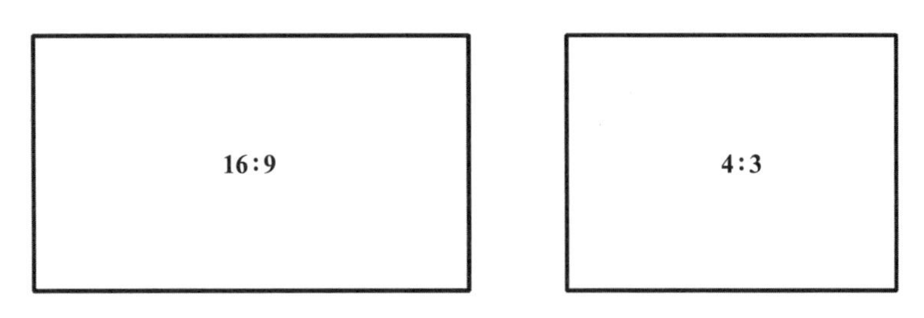

图3-1　16:9的标准宽银幕画幅和4:3的标准电视画幅

摄像机画幅的大小，或者说画幅宽度和高度之间的关系，经常表达为宽度与高度比率的形式。这一比率被称为宽高比，如4:3、16:9、1.85:1等，这取决于播放器媒介的格式。

其中4:3意味着如果高度是3个基本单位，宽度就是4个同样的单位。它是北美（NTSC和NTSC mimiDV）以及欧洲（PAL和DL PAL）标清（SD）电视的宽高比，也可以写成1.33:1（所谓的一三三比一），在这里数字1表示标准画幅的高度，而数字1.33表示画幅的宽度是高度的1.33倍。所有的高清（HD）视频都是16:9的，意味着宽银幕，它的横向有16个单位，而纵向只有9个单位。

如图3-2所示，显示的是电影和电视中几种画幅宽高比的演变史，随着技术革新，多年来画幅比例一直在演变。目前，电影和电视中的标清和高清都有不同的宽高比，所以把一种影像的格式形状转换成适合于另一种影像的格式形状是非常复杂和令人困惑的。不过现在不必担心这一点，全球化宽银幕数字高清电视（16:9）的发展趋势是毋庸置疑的，所以我们在制作各种类型动画的比例关系大多数使用16:9。

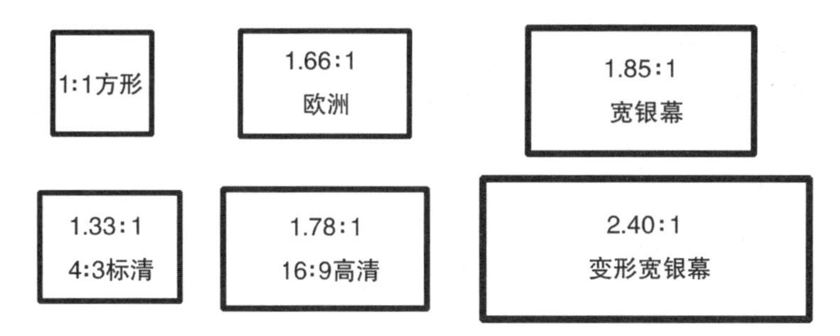

图3-2 电影和电视中几种画幅宽高比的演变史

根据动画的功能及展示的场合不同，它所使用的画幅需要根据实际来进行改变。若动画本身的尺寸与用来展示的尺寸有所差异，直接拿来使用可能会因屏幕不适配而导致画面变形或留出黑边。为了节省后期的修改时间，在动画制作的最初我们便需要对画面的画幅比例进行确定。

在建筑动画中，比例与尺度会影响在画面内对于物体的构图效果，如图3-3所示，图中画幅为普遍使用的16:9比例，该图模拟了以人的视角在车库中游览的画面，使人有身临其境之感。将该图调整成4:3和2.5:1的比例后形成了图3-4及图3-5后的画面效果。如图3-4所示，将画面两侧进行剪裁后，使得上方机电管线和下方地面在画面中的比例变大，但相应视野变窄了。而在图3-5中，对画面内下方地面进行裁剪后使得画面不再平衡，在观看时给人一种镜头会与上方机电管线相撞的错觉，裁剪后的画面空间在视觉上变得狭小，有头重脚轻之感。

图3-3 某车库效果图（16:9尺寸）

图3-4 某车库效果图（4:3尺寸）

图3-5 某车库效果图（2.5:1尺寸）

画面内物体的比例和尺寸也需要创作者进行考虑协调。为更好地反映现实中建筑及其周围环境的状况，创作者应使用较为写实的手法去安排场景中的配景，特别是在考虑各个物体之间的组合时，需要注意选用的各类物体是否符合一定的比例。在建筑动画内存在着大量的配景，如配楼、人物、植物等，运用适当的比例关系去进行画面内的构图，可以很好地突出画面中的主次关系，而对于物体错误比例的运用不仅不合常理，还会引起画面失衡，破坏整个动画的美感。

在进行建筑动画的概念性创作中，建筑本身就作为一种精致的艺术品，需要遵循着一定的比例和尺度来最大限度发挥其造型之美。将建筑融入环境后，各个配景成为建筑的一个尺度参考，以此衬托建筑主体，塑造建筑主体形象。例如，创作者会使用开阔的场景来强调建筑宏大的尺度感，并在表现建筑主体的同时运用合适的各类配景来丰富画面空间，增添空间层次。

遵循适宜的比例及尺寸是制作建筑动画的基本要求，这样才能使得制作完成的动画更逼真及完美。建筑动画可以模拟现实生活中真实的建筑及其周围场景，它可视性强且观看方便，可以准确反映场景中空间尺寸及比例关系，能使人对建筑从概念性地描绘外有直观具象性的视觉感受，给人一定的参考性。

3.2 对称与均衡

一般来说，一个完整的视觉画面存在着物体的形状、颜色及明暗等元素，画面中的景物搭配、色彩的深浅变化给人一种和谐与统一的感受。对称与均衡，一个像天平，一个像秤。对称给人庄重严肃、安静平稳的感觉，但有时画面会显得过于呆板。均衡则有变化，它在丰富的画面中能使各个物体和谐共生，同时使画面显得生动活泼。使用对称形式来塑造建筑形象对建筑本身有一定的要求，因此均衡的形式相比之下应用的范围更广。对称往往指物体外形上的对称，而均衡不仅仅是形、色、影等形式上的均衡，还涉及与周围环境、人物关系及运动方向等内在因素。在创作建筑动画时要灵活地结合、运用对称与均衡两种形式。

（1）对称

对称来源于大自然。大自然中的对称结构随处可见，比如：蝴蝶的翅膀是对称的；树木的叶子是对称的；人体结构是对称的。自然界造物呈现对称形态的例子比比皆是，现实生活中的很多设计结构也如此，小到生活用品，大到交通工具，大多数都是使用对称的结构。

对称就像天平一样，两边放有相同的元素，按照相等的距离，在一个中轴线的左右或上下使得元素以镜像的状态重复出现，对称的形式有着严格的格式和规则，其特征是结构规则平稳，具有统一、稳定的特性。

对称是获得画面平衡的基本方式，在动画设计中普遍被使用并且为较容易掌握的一种表现形式。在建筑动画中，这里对称指的不是绝对对称，有些建筑外形本身便为完全对称的结构，而展示完全相同的两部分在动画表现中会略显生硬和呆板，因此需要丰富场景中的配景来调整画面氛围，以达到外形、距离、色彩方面在视觉及心理上的相对对称。而在表现局部的建筑动画时，则没有过多烦琐的配景，这是由于细节展示已经足够丰富，镜头内呈现完全对称的局部，层次感分明，使画面不会过于单调。

在中式建筑中，对称之美处处都有体现，并且对称的形式将中式建筑的庄重、大气感发挥得淋漓尽致。对称的形式也与中国古代的传统有关，古时人崇尚“成双成对”的思想，这蕴含着圆满无缺的美好寓意，从建筑的对称结构，再到院内摆放的桌椅及摆设基本上也是呈对称的方式，无处不显一份和谐、秩序之美。从古至今，对称之美仍体现在生活中的每一个角落，相应在建筑动画中，亦可以使用对称的形式来对场景中的物体进行设计和构图，呈现对称结构的场景会使得整个画面整齐、有序、干净，也更加贴近人们的视觉观看习惯。

（2）均衡

均衡是一种动态中的心理平衡，而不是简单的物理平衡，利用杠杆原理使得不同大小的元素在画面的对比牵制中保持平衡的状态。

在建筑动画上，存在对称即存在均衡，不存在对称时也存在均衡。相对于对称而言，均衡具有较高的灵活性和更多的变化形式。无论建筑主体是否为对称式建筑，它在画面中始终保持着相对平衡的状态，尤其是动画后期包装设计中，将文字、图形等元素放置于动画中合适的位置，在不平衡的构图中寻找心理与视觉的平衡是其关键所在。由于均衡是心理上的感觉，往往在操作过程中难以把控，需要依靠大量的实践经验来验证推敲，在过程中不断积累经验并进行总结，这样便能掌握均衡的规律。

组成建筑动画中的各个元素间有着不同的差异，这些差异体现在形态、体积、颜色、明暗、虚实上，画面均衡则是巧妙地对这些元素进行了改变及布局，使得所有元素能融合在一个画面内而不使画面表现失衡。动画是动态的，均衡也是动态的一个过程，在画面内动态元素产生运动的同时，平衡也在随时发生改变，因此及时依照变化规律来调整画面布局是很重要的，若画面处在失衡的状态下，可能出现画面主次不清的状况，为了更好地去塑造建筑主体形象，需要在新的变化中寻求均衡，并通过设计更好地表现创作者想要传递的内容及思想感情。而在追求画面均衡时需要学会取舍，有舍才有得，创作者需要思考镜头画面中所要呈现的状态、主要表达的内容以及烘托的感情，才能把握好对于画面的相关处理。

3.3 节奏与韵律

节奏与韵律同样是视觉感知的元素，通过艺术表现手法使用节奏及韵律来增强视觉上的效果。就动态的画面而言，不同的场景及不同的角度产生的节奏与韵律感也是不一样的。

节奏，是一种有规律的、连续进行的完整运动形式。用反复、对应等形式把各种变化因素加以组织，从而构成前后连贯的有序整体。从本质上看，节奏是一种有规律的跳动。节奏不仅仅存在于声音的领域，在文字、动画、静止的画面中都同样存在着节奏的痕迹。韵律，是指物体运动的节奏，诗词有属于自己的韵律，包括平仄、押韵和对偶，散文也有属于自己的韵律，音乐同样也是。韵律在不断变化的节奏中产生，它和节奏相互融合，韵律的巧妙运用可以深化建筑动画的艺术感，从而可以加强创作者在动画中所想要表达的思想感情。

在建筑动画中，动画的节奏感与韵律感受画面内形状、色彩、明暗等元素变化的影响，同时创作者也可以通过对不同形状的组合、改变物体间的疏密、调整镜头的速度以及前后片段的衔接关系，来达到能使观众可以舒适地观看动画、并充分表达创作者思想情感的节奏感与韵律感。

如图3-6、图3-7、图3-8所示，在动画中通过改变画面内中央隔离带上树木景观的种类、距离、大小和位置而形成了不同的节奏与韵律感。

在图3-6内中央隔离带上的景观植物是相同的，由于近大远小的透视规律而出现了大小不一的视觉效果，在动态浏览的过程中，单一物体的反复出现构成了物体重复的现象，也因此体现出了画面的秩序美、规律美。此处为“重复”式变化的节奏与韵律。

如图3-7所示，图中加入了另一种树木景观，同时所有的景观植物仍按照一定的规律进行排列，在展现秩序感的同时还增添了画面的层次感。由于两种树木的距离、大小都没有发生较大的改变，此处体现的为“渐变”式变化的节奏与韵律。

在图3-8中，画面内中央隔离带上的景观植物是无序排列的，同时在体积大小上也不再一致，这类为“起伏”式的变化。“起伏”式变化正如其名称一样，有大小、宽窄、高矮、曲直、虚实等方面的改变，从而丰富了画面的视觉效果，使动画更具感染力。此处体现的为“起伏”式变化的节奏与韵律。

图3-6　中央隔离带上的树木景观——“重复”

图3-7　中央隔离带上的树木景观——“渐变”

图3-8　中央隔离带上的树木景观——“起伏”

在建筑动画中，由于影响画面的视觉元素较多，因此节奏和韵律可能是复杂多变并相互穿插交错的，而不只是某种单一体现。节奏和韵律这两种形式体现了“建筑是凝固的音乐”这一特点，而音乐的旋律正是通过隐形的节奏及韵律来进行表达，在建筑动画中，创作者应学会使用视觉上的语言去奏响这首建筑之歌、展现建筑之美。

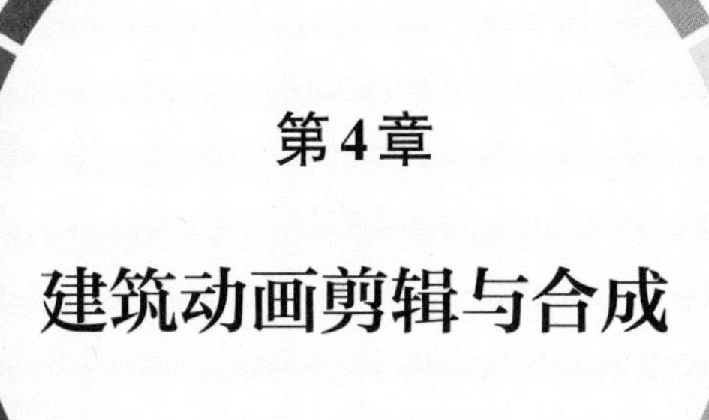

第4章

建筑动画剪辑与合成

4.1 剪辑

由于风格、服务对象、表达内容及目的等方面的不同，包括纪录片、广告片、宣传片、电视电影和建筑动画等多种影视表现形式也存在差异。虽然形式不同，但剪辑方法仍有相同性和相似性。由于电视、电影的发展更成熟，故以电视、电影剪辑方式为参考，结合建筑动画的表现特点进行应用。

建筑动画与电视电影的区别主要表现在服务对象和展示目的不同。建筑动画的服务对象为建筑模型，是将传统的二维平面图三维立体化，对建筑进行三维模拟还原，主要展现建筑的形象、结构和功能，传达该建筑的文化氛围与艺术内涵，使内容更直观具体，让观众对建筑主体有更深刻的了解与感受。

建筑动画剪辑的最终目的是以塑造客观的建筑形象、表达建筑的文化内涵、营造建筑的艺术氛围为主，将各独立镜头进行剪切编辑，最终形成完整、流畅的画面，让观众能直观地感受该建筑的形象、空间结构与环境的同时，还能沉浸在该建筑所营造的或温馨，或宁静，或古朴典雅，或繁华热闹的场景氛围中。

4.1.1 剪辑的基本概念

剪辑——剪切再编辑，在影视作品中，简单理解为后期剪辑师从拍摄的镜头中选出可用镜头，根据前期脚本、故事情节发展、情感表达等要求，将各个独立的、分散的镜头通过剪切编辑到一起，形成一段完整、流畅的画面。保证画面的完整性和流畅性是剪辑的基本要求。编者将剪辑主要分为粗剪、复剪和精剪三部分。粗剪阶段，根据前期脚本和分镜头，在拍摄素材中挑选出合适的画面，对素材进行拼接来形成流畅的画面。粗剪阶段整合故事的大致内容，画面流畅是这个阶段的基本要求，粗剪阶段尽量保留更多的可用素材，以便后续使用；粗剪后进行复剪，在复剪过程中，根据脚本大纲及故事逻辑等相关需求，对粗剪部分内容进行删减、补充和镜头顺序的调整，进一步完善镜头与镜头之间的组接方式，这个阶段需要考虑内容的故事性和内含的情绪变化；最后，后期人员与导演等相关创作人员进行交流思考后，再对视频进行精剪。精剪需要对每个镜头进行反复推敲，在复剪的成果基础上，对整个画面的内容再次推敲调整，突出建筑主体的亮点和特色，增强艺术表达，从而形成最终成果。剪辑不仅能让作品更加完整，在一定程度上可以重塑整个故事结构。剪辑需要一步步推敲修改，一次定版的情况几乎不会发生。

电影电视中的剪辑在故事情节、气氛渲染、情感表达等多方面都有其独特的优势，将电影电视中合适的方法及技巧融合在建筑动画中，是建筑动画向前发展的必然选择。根据电视电影的剪辑过程，结合建筑动画的表现形式，编者将其分为两种情况，第一种为音乐音效配合动画的表现形式；第二种为有配音介绍内容和需要对动画部分内容进行特效包装的形式。第一种形式可分为粗剪与精剪两部分，粗剪仍是根据分镜头脚本对各独立镜头进行剪辑整合，形成片子的基本框架。精剪则需要根据音乐的节奏变换、情绪起伏及结合画面展示内容，删除多余部分，补充缺失内容，对整个建筑动画的节奏和顺序进行一定的调节。对于第二种表现形式，编者将其分为粗剪、复剪、精剪三个阶段。粗剪的步骤及内容与第一种形式的处理方式大致相同；复剪首先要在粗剪的内容基础上，结合脚本中的配音，筛选出部分需要添加特效的内容进行后期包装，并添加合适的背景音乐和人物配音内容，根据音乐与配音对画面再次进行剪辑，对于画面与配音的内容需要匹配；复剪阶段完成后进入精剪阶段，该阶段是在复剪成果的基础上，根据音乐的节奏变化与画面的情绪变化，对部分内容进行调整修改，根据建筑所要表达的内涵与情感、需要烘托的氛围等要求，对内容进行反复推敲，最终形成完成度高且风格明确的作品，在展现建筑的同时，还能让观众更好地沉浸其中，感受建筑的美感与环境氛围，起到更好地画面宣传与体验效果。

4.1.2 剪辑的基本原则

在影视作品中，通过剧本与分镜头脚本所描述的画面进行表演和拍摄，传达创作者的思想观念和蕴含其中跌宕起伏的情绪变化，对于复杂、充满矛盾点与戏剧性的故事内容，需要对拍摄素材精简提炼后形成精炼、完整且流畅的影视作品。在剪辑的过程中，要在紧紧抓住观众眼球的同时影响着观众的情绪，使其产生情感共鸣。在这个过程中，不能使观众产生视觉或情感上的不舒适感。这需要遵循剪辑的基本原则，以此来达到创作者的要求。在此基础上再加入创新、独特且适合该作品的剪辑手法，会令剪辑后的完成作品更加精彩。

剪辑的基本原则是经过广大的影视前辈们在无数的实践中总结而成。部分电影电视的剪辑原则在建筑动画中实用性较高，下面将主要原则归纳总结如下。

1.镜头的组接要符合观影者的思维方式

影视作品的主要服务对象是观众，在镜头的剪辑过程中，需要符合观众的思维逻辑、视觉逻辑与心理逻辑，这些逻辑我们统一称之为观影者的思维方式。在剪辑时遵循这一原则，极大程度地避免了观众无法理解动画的情况发生。通过剪辑后的影片应该是连贯、完整且流畅的。这些基本条件的满足主要取决于镜头与镜头之间是否具有关联性和连续性。在建筑动画中依然需要遵循此原则，这样观众便能在剪辑师的"带领"下，既能清晰明了地从各个角度观察建筑的特征、感受建筑的魅力，也能更好地体会建筑设计师倾注在建筑中的思想感情。

（1）静接静

静态镜头与静态镜头相组接，这里主要指固定镜头。在固定镜头中，画面中一般会存在运动的元素，静接静主要需要注意两个镜头之间的关联性物体。延时摄影是最为直接的在固定镜头内做动态运动的表现形式，画面中一般会有主要的拍摄对象，如风景、建筑、桥梁等，镜头与镜头之间的关联性主要是拍摄主体。建筑动画与延时摄影在静接静上有异曲同工之妙。

（2）动接动

运动镜头与运动镜头相组接，在建筑动画中，运动镜头相组接的方式较为常用。一个完整的运动镜头主要包括三部分，分别为起幅、运动内容和落幅，起幅是运动镜头在运动前停顿的几秒钟，落幅则是运动后停顿的几秒钟，起幅与落幅主要方便后期剪辑使用。运动镜头相组接时，要注意只保留第一个镜头的起幅与最后一个镜头的落幅，中间的部分则只保留每个独立镜头中运动的内容。在选择相组接的运动镜头时，要注意镜头的运动速度，尽量选择速度相近的镜头，保持画面节奏与情绪的一致性。

（3）静接动与动接静

固定镜头与动态镜头组接或动态镜头与固定镜头组接，这种组接方式也是常用组接方式之一。在静动相接时，仍需注意起幅与落幅，"以静接动"的方式需要保留运动镜头的起幅；"以动接静"的方式则需要保留运动镜头的落幅。

（4）节奏的衔接

每个镜头的运动速度有所不同，在镜头组接的过程中要注意镜头的速度变化。情绪高昂与运动速度快的镜头相组接，为画面营造了大气蓬勃的氛围感；情绪温和、运动速度缓慢的镜头相组接，为画面营造了舒缓、温馨、柔美等意境。若快镜头与慢镜头随意组接，则会给人视觉与情感上造成混乱感，从而影响观众观影的感受。

2.循序渐进的景别组接

景别组接应遵循循序渐进的规律，这也是满足观众逻辑的一种原则。景别的组接不应该是随意、混乱的。景别组接过于平淡，会使画面过于平缓，从而让观众产生疲惫感；景别组接太过夸张，前后变化过大，在视觉上容易产生强烈的跳跃感与冲击感。所以镜头应遵循序渐进的组接方式，结合脚本、剪辑师的后期想法来形成不同的画面与效果。下面举例说明三种常见的组接方式：

（1）渐进式组接方式

按照远景—全景—中景—近景—特写的组接方式，由远及近地观看被摄主体。观众的视线会跟随着镜头不断靠近建筑，其注意力牢牢跟着镜头方向移动，由浅入深地观察建筑主体，既可了解建筑周边环境，又可了解局部建筑细节。图4-1为渐进式组接方式。

（2）后退式组接方式

按照特写—近景—中景—全景—远景的组接方式，它的范围由近及远，从小细节展示到大场景展示，这种方式与渐进式组接方式正好相反。在建筑动画中，后退式组接方式非常容易引起观众注意。首先展示一个局部，勾起观众的好奇心，再配合画面内景别的不断变大，逐渐显示建筑全貌及周边整体环境，一步步满足观众的好奇心。观众的好奇心既得到了满足，又能观察到建筑的细节和大环境，加深了观众对此建筑的印象。如图4-2所示，此为后退式组接方式。

（3）环形式组接方式

这种组接方式是将渐进式与后退式的组接方式合二为一，景别变换丰富，能够多角度、多方面、全方位地展现建筑主体，使观众对建筑主体的印象更深刻，但这种方式在镜头的速度上需要注意节奏，时间长短上也要合理控制，过于冗长会让观众疲于观看，过于迅速也无法让观众及时反应，以及过快的节奏不仅不能很好地展示画面内容，还会给观众留下急于结束的观影印象。图4-3为环形式组接方式。

图4-1 渐进式组接方式

图4-2　后退式组接方式

图4-3 环形式组接方式（一）

图 4-3　环形式组接方式（二）

图4-3 环形式组接方式（三）

3. 在选择方向不同的镜头时，避免跳轴

镜头的组接与剪切上要遵循轴线原则。轴线是指在两个物体之间形成的一条虚拟线条，如图4-4所示，在轴线及轴线两侧分别放置六台摄影机。

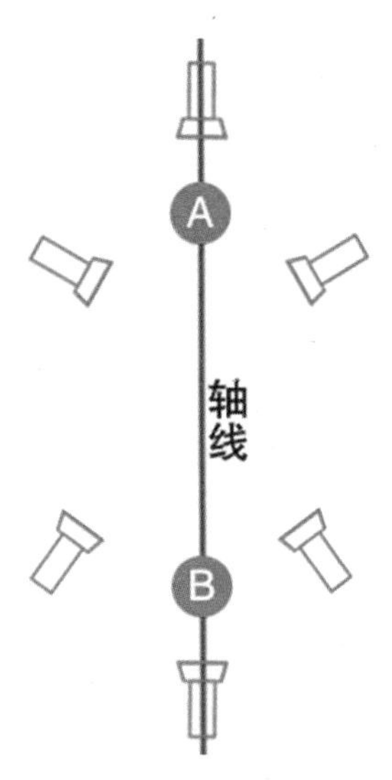

图4-4 轴线示意图

在对这些镜头拍摄的画面进行组接时，左边镜头拍摄画面应与同边镜头拍摄画面组接；右边镜头拍摄画面组合方式同理。若左右镜头画面随意组合，会造成视觉与思维上的混乱。如图4-4所示，对于轴线左边摄影机而言，A物体在摄像机左侧，B物体在右侧；对于轴线右边摄像机而言，B物体则在摄像机左侧，A物体则在右侧。若两边镜头画面任意组接，会造成被摄物位置的变化，给观众造成空间上的错觉，从而产生疑惑。

如图4-5所示，在这两个画面中，以建筑前方道路为虚拟轴线，上图摄像机位于轴线右边，被摄物位于轴线左边，下图的位置关系则正好相反。若将两个镜头直接剪辑在一起，就会出现位置关系的混乱，不符合观众正常的思维方式，这就是“跳轴”，在剪辑过程中，尽量避免这种情况发生。

初剪完成后，剪辑师会根据前期内容与完整的视频内容做出相应的调整，如果画面组合具有某种特殊含义，剪辑师会根据画面的整体需求选择打破部分原则以达到作品的最终效果。

图4-5 跳轴组接方式

4.1.3 剪辑的方法

上述内容对剪辑的概念和原则进行了简单的介绍。在影视作品中有非常多的剪辑方法，根据剪辑点的剪辑可分为分剪、挖剪、拼剪、跳切、匹配剪切、交叉剪切、视点剪切和动作剪切等；根据蒙太奇剪辑方法则可分为叙事蒙太奇、平行蒙太奇、表现蒙太奇和对比蒙太奇等。建筑动画中的剪辑方法主要以影视作品为基础和参考，但建筑动画中因表现形式和服务对象与影视作品有一定差异，在剪辑之前要充分理解分镜头脚本，并根据脚本结合建筑主体，理解建筑的设计目的与建筑设计师所要表达的艺术概念，根据画面内容、故事情节和情感表达等因素，确定剪辑思路，结合镜头选择不同的剪辑方法，构造完整流畅且富有节奏韵律的建筑动画。以下对建筑动画中常用的剪辑方法——按剪辑点剪辑进行介绍。

剪辑点剪辑包括常见的分剪、挖剪，还包括音乐剪辑点、节奏剪辑点、情绪剪辑点与动作剪辑点。建筑动画中主要以建筑展示为主，物体运动与表达情绪主要通过镜头运动的速度、长短、音乐的节奏、配音等各方面来展现，其中音乐剪辑与节奏剪辑为建筑动画中最为常用的剪辑方式，这两种方式也常被交替使用，以达到最好的表现效果。

（1）分剪

分剪是指将一个完整的镜头分成两个或两个以上的独立镜头，被分剪出的镜头可在多处使用。根据分镜头脚本进行剪辑，在剪辑过程中常常会出现画面内容过长、节奏较慢或重点不突出等问题，导致作品的表现力与感染力下降，影响作品质量，且观众在观看过程中容易产生视觉疲劳感。将这样存在问题的镜头进行分剪，根据需要对分剪后的素材进行再编辑，既能使画面内容在保证流畅完整的同时，画面节奏更紧凑，又能增添镜头素材，并与其他镜头进行组接。

（2）挖剪

挖剪是指在一段完整的镜头中，剪去画面中不满意的内容片段。在部分镜头中，会出现内容上的瑕疵或镜头与镜头相组接时内容重复冗长，挖剪便是将这部分多余内容从完整的视频中“挖”出来，在视觉上保证画面完整性与连贯性的同时使这段镜头节奏更加紧凑，在视觉上不会产生跳跃感。

（3）变格剪辑

变格剪辑是以帧为单位的常见剪辑手法之一，通过改变原镜头常规速度或以跳帧的方式将画面的时间、空间、节奏区别于常规镜头。在影视作品中，如打斗戏中描绘双方交战过程，会将过程中的部分镜头速度放慢，其余保持原有速度，慢节奏部分既能舒缓因动作太快带来的视觉冲击感，又可以通过节奏快慢的对比渲染紧张的场景氛围，使画面节奏感更强。在建筑动画中合理使用变格剪辑可以更好地展现建筑特征，强调画面节奏感和氛围感。节奏变化与跳帧剪辑的方法会给画面带来不一样的视觉体验，增强了画面的艺术性。

（4）音乐剪辑点剪辑

音乐剪辑包括音效与配乐上的剪辑。在建筑动画中配乐主要以纯音乐居多，在剪辑点选择上，主要根据配乐的旋律、鼓点为基础，以画面内容和情绪为依据，对画面及配乐进行剪辑，使画面能与配乐的结合达到自然地融合与过渡。根据粗剪形成完整的画面后配以合适的配音，并根据需要添加相应的音效，特殊情况下若需要对音乐内容进行剪辑，那么必须保证剪辑后的音乐能保持歌曲旋律的完整性与流畅性。音效、配乐与画面的巧妙配合，在某些特定场景可以产生特别的效果和化学反应，使画面在更贴近真实性的同时给观众制造无穷的想象，带来沉浸式体验效果。

（5）情绪剪辑点剪辑

情绪剪辑点剪辑主要是根据情绪的起伏变化对画面及音乐进行剪辑，建筑动画大多主要是以画面与音乐进行配合，节奏欢快的音乐一般配合节奏快或氛围明朗的画面，从而营造愉悦、活泼的情绪氛围；气势恢宏的音乐则配合节奏稍快或气势磅礴的画面，营造热情、激昂的情绪氛围；温柔、优美的音乐主要配合节奏慢且富有意境的画面，从而营造放松、平静的情绪氛围。

（6）动作剪辑点剪辑

动作剪辑点剪辑主要针对在画面中运动轨迹或动作较为明显的物体，在前后两个连贯画面剪辑中，需要注意前后画面动作的连贯性。在建筑动画中主要以人物、动物、车辆及自然景观的运动为主。如前后两画面中有同一人物在进行走路运动，且人物处于画面明显位置，如前一个画面人物左脚在前右手在后，右脚轻微抬起准备往前，后一个画面就应该为人物做右脚抬起，重心往前的动作，并呈现双手往中间收的状态。前后画面是一个连续性动作，在动作上一定要保证连贯，遵循动画运动规律。

4.1.4 剪辑的作用

因为题材、内容、服务对象的不同，剪辑的作用也有相应的差别。电影电视中的剪辑主要是以故事及人物为主，建筑动画中的剪辑主要是以塑造客观的建筑形象为主，借助动画这个媒介详细介绍、展示及宣传建筑形象，让观众直观地了解建筑的外形、空间与功能。以下主要探究剪辑在建筑动画中的作用。

（1）完整直观地展示主体建筑

通过对各独立分散的镜头进行剪辑，完成对建筑整体与细节的全方位展示，这是建筑动画的基本作用。在最初的制作过程中，每个镜头展现的内容是独立且有限的，需要通过对镜头的选择，结合镜头语言，将各独立镜头通过剪辑的方式串联起来，最终形成完整的作品，在这个完整作品中展现内容丰富，画面可以从大远景到小特写，从大场景到小细节，以最直观的方式完整地展示主体建筑。

（2）提升主体建筑的艺术感染力

通过剪辑提升建筑的艺术感染力。剪辑可以通过对画面、音乐、节奏等方面的处理与各镜头的组接，在展现画面的同时带来更好的视觉与听觉感受，调动观众的观看情绪。节奏的快慢、强弱、紧缓，可以通过画面与音乐的巧妙配合来渲染氛围。表现快节奏可加快镜头之间的转换，也可以通过选取快速运动的镜头配合节奏性强的音乐；表现慢节奏可采用缓慢运动的镜头，配合舒缓的音乐表现建筑宁静优美的环境；对不同时长与不同运动快慢的镜头，配合具有相应节奏与情感的音乐进行剪辑，以此共同营造场景氛围，提升建筑动画画面感染力。

（3）通过剪辑引导观众

单独的镜头在建筑动画中基本上只表现某局部场景。例如，在大场景中可以看到建筑整体的周边环境与建筑外形，但不能看见建筑内在环境及详细的空间关系。一个房间的镜头可以详尽地展示室内信息，但是房间外的一切信息无法获取。通过剪辑可以将多个画面剪辑到一起，并且按照镜头路径有逻辑有重点地展示建筑主体，引导观众去了解此建筑的具体内容，配合画面的音乐与节奏在视觉与听觉上共同引导观众去感受建筑的艺术氛围，引起情感共鸣，从而让观众更好地沉浸于动画，给观众留下深刻印象。

以上通过对剪辑的简单介绍，可以看出剪辑在影视作品中起着举足轻重的作用。建筑动画中包含了多种因素，包括静态物体、运动物体、环境色彩等，它们组成的画面场景通过镜头综合呈现出来的效果直接影响观看感受，动画呈现氛围可以是轻松的、静谧的；也可是恢宏的、震撼的。除了对建筑客观形象的塑造外，也需要展示建筑设计师的设计理念与艺术概念，才能更好地展示和营造建筑的艺术内涵和蕴含的人文气息。当创作者确定了剪辑思路并结合合适的剪辑方法，能够轻松地创作出富有感情和韵律的建筑动画作品。

4.2 合成

4.2.1 合成的基本概念

编者将后期制作分为三个部分：后期剪辑、后期合成和最终成片。合成主要分为三大类：音效合成、特效合成和颜色校正。音效合成主要指声音的合成方式，包括音效、音量及特殊音效等；特效合成主要是针对画面效果而言，包括爆炸效果、流动光线、特效文字、特效包装等；颜色校正主要指因为不同画面中色彩光线的不同，造成色彩出现了一定的差异，为了统一色彩使整个画面和谐统一，需要对画面进行相应的校色处理。建筑动画的合成制作，加强了建筑的表现效果、场景的整体氛围和提升了画面的丰富性与完整度。

4.2.2 合成的方法

在后期合成中，根据脚本内容和在视觉上想要呈现的效果，通过后期软件对动画进行特殊效果的制作。After Effects是后期合成中所用的主流软件，在建筑动画中，主要用于片头片尾、特效文字、特效光线、景深调节、特效转场等效果的制作。Premier与Vegas则主要是用于剪辑及部分简易转场效果、颜色调节、字幕添加以及声音的合成等制作。

上节讲到合成主要包括音效合成、特效合成和颜色校正三大方面。下面针对这三个方面进行探究。

1. 音效合成

音效合成主要是通过对常规声音的调节获得不一样的声音效果，为画面增加更多的趣味性，包括声音的音量大小、倒放、延长、变调、回声等多种声音的处理。例如，在有配音的建筑动画中，有人声时，背景音乐音量低；无人声时，背景音乐音量相对较大。在天气变化时，以雨声为例，在室内与室外、郊区与闹市、城市与林间的雨声是有所差异的，这个时候需要根据不同的情况，对雨声素材进行效果处理，调整声音音量的大小或者远近，来增强声音的层次感、立体感。在有回声的情况下，可以添加相关效果并进行处理，从而得到适合画面的回声。最后在对相应部分声音进行处理合成后，输出最终版本。声音的远近、音量大小对比能让画面更具层次感，回声则让画面更具空间感。声音的合成使得画面更具真实性，进一步增强了画面的感染力。

2.特效合成

特效合成包括特效文字、特效光线和特效转场等，主要运用After Effects软件进行制作。After Effects是一款图像处理软件，包括强大的图像与声音处理、特效制作等功能，深受广大后期制作者们的青睐。在建筑动画中，After Effects主要对剪辑后的画面进行整体校色，制作云雾、雨水或下雪等自然天气、添加部分特效光线、使实景与虚拟结合，片头片尾等效果的制作。

流动光线合成，在表现城市的画面中运用较多，用来展现和烘托场景的繁华与热闹的氛围。在具有科技感元素的建筑中，流动光线则用来加强建筑的高科技感；特效文字合成，主要针对制作片头片尾和特效字幕等有文字的内容；动态合成，包括以运动的形式进行动态内容的展示，常用于指示说明。

在特效合成中，部分特效需要运用到After Effects的插件进行制作，这些插件能帮助我们更好更快捷地完成所需效果。最常用到的插件包括Trapcode Form、particular和plexus等，前两款插件主要通过对粒子属性的调节来制作光线、火焰、雨雪等，plexus则是一款以点线面三维粒子为主的插件，其形态表现具有科技感，编者主要用来制作和表现未来科技、数字网络等相关方面的内容。三维制作插件以Element 3D为主，部分创作者也会用CINEMA 4D和3ds MAX等三维软件结合After Effects共同实现三维特效部分。Element 3D相较于三维软件制作有实时渲染的效果，可以在制作过程中直接看到结果，摄像机与光影部分也能很好地同步配合；外部的三维软件则在相同渲染效果的前提下，能更简单快捷地得到渲染结果，且可以制作模拟一定的动态碰撞效果。实现摄像机跟踪效果也可通过不同的方式实现，After Effects有自带的跟踪器，也可以使用Mocha来完成跟踪效果，这些插件及效果共同辅助完成整个画面的最终效果。以某学校为例，视频部分包含了建筑区位的介绍，编者这里结合了CINEMA 4D配合After Effects使用，运用CINEMA 4D完成三维建模和材质的处理，根据需要创建摄像机动画并渲染出序列帧，然后到后期添加指示文字，进行再次包装（图4-6）。

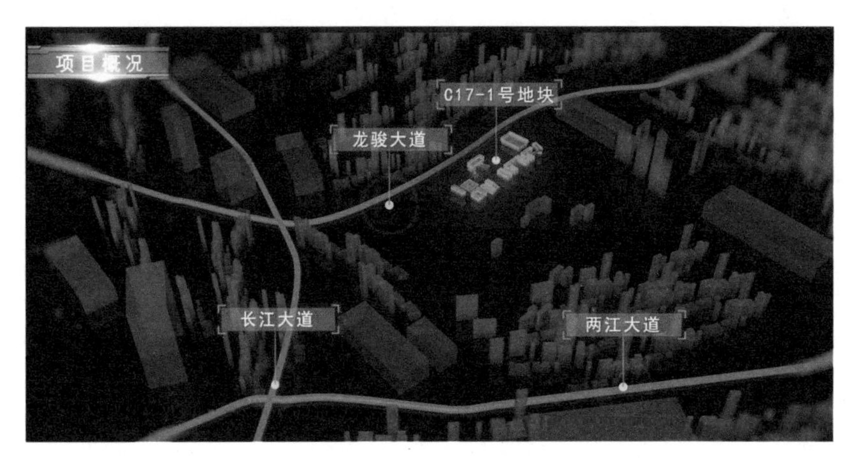

图4-6　区位效果展示

（1）片头片尾制作

在建筑动画中，完整的动画包括了片头与片尾。片头与片尾的制作，主要结合整个动画的整体风格及建筑的性质与职能进行综合考虑，并根据不同的风格设计不同的表现方式。片头主要以该建筑的名称或作品名称为主，部分动画会引出主题部分，这一部分可通过内容素材剪辑或用特效展示的方式完成；片尾可以结合片头内容进行文字内容调整，或以简单的黑色背景配相关文字，以黑场结束。

（2）文字内容制作

在建筑动画中，部分内容需要有文字进行相应的介绍，这项任务通常通过后期合成来实现。文字介绍有多种展现方式，有时会根据需要增加一些装饰内容，来丰富整个文字的表达。以下简单介绍几种文字的展现效果。

类型一：淡入淡出、位置移动等简单方式出现。在这里，简单的文字介绍指文字没有运用特效，只有单纯的淡入与淡出效果，这个时候只需要对文字图层的透明度进行关键帧的添加，对透明度做一个变化效果，如图4-7所示。这种表现方式在Premiere与Vegas中也能完成，属于最基础的展现方式。

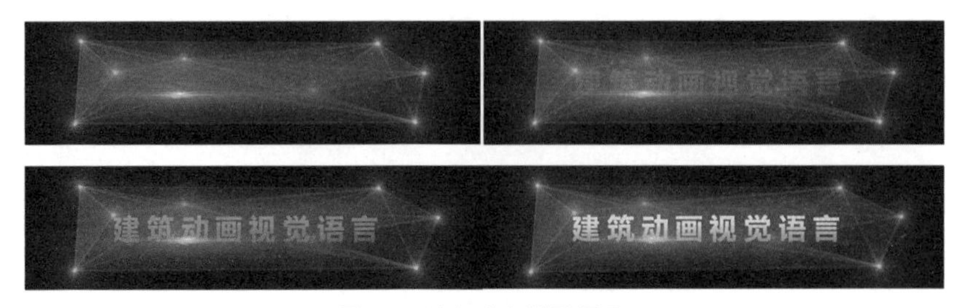

图4-7　淡入淡出效果展示

类型二：文字会以动画的形式出现，包括[跳动]、[模拟打字机]、[文字雨]等文字特效方式，在After Effects文字效果中有多种预设效果可以使用，运动的快慢可以通过调节相应的关键帧进行改变，如图4-8所示，为[模拟打字机]效果展示，“打字”效果快慢可以通过起始关键帧进行调节。

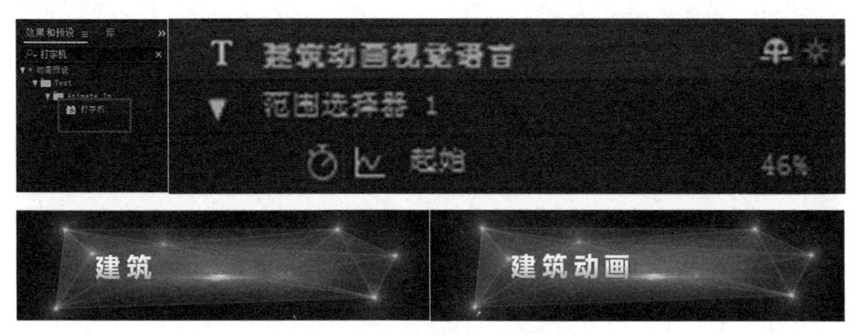

图4-8　[模拟打字机]效果展示

类型三：文字以[滑动出现]的动画方式展现，这个方式可以通过在文字图层中添加遮罩层或添加蒙版，并对相应的遮罩或位置进行路径制作来实现，如图4-9所示。有些文字运动较为复杂或涉及部分动力学原理，为了让文字运动更流畅，效果更真实合理，需要根据具体情况在内容图层上添加相应的表达式。

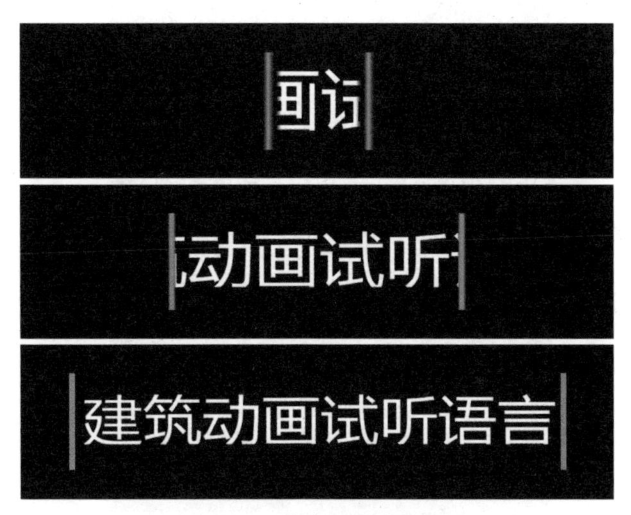

图4-9　蒙版遮罩效果展示

类型四：如图4-10所示，画面展现的方式具有指向性且以带有装饰内容的形式出现，具体表现形式为在画面中用线段指出具体建筑，每个指示处会出现不同的文字介绍，且文字根据镜头运动有相应的透视及位置变化。在制作指示线条及文字的生长动画时，还需要运用After Effects中的跟踪效果或Mocha来辅助完成其效果。

图4-10　指示文字效果展示

类型五：制作带有特殊效果的文字，例如沙画效果文字、金属文字和三维文字等。这些情况下会运用一些粒子插件、贴图或者与三维软件结合展示，创作者应根据需求选择合适的插件和效果进行制作（图4-11）。

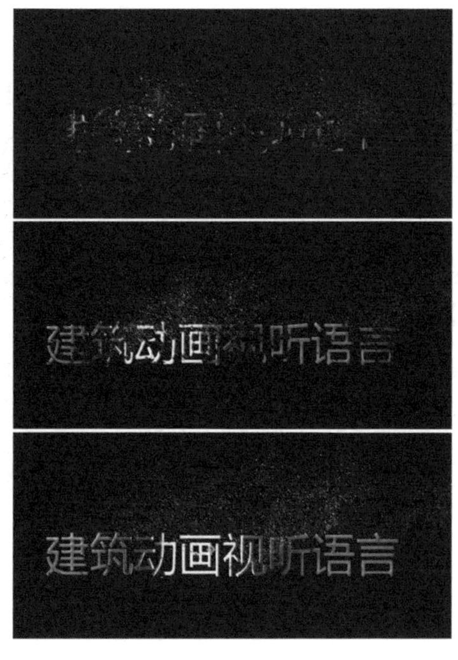

图4-11　粒子效果展示

（3）特殊转场的制作

特殊转场方式一般情况下会在After Effects里处理，Premiere也能实现部分效果。特殊转场方式不只是单纯的透明度和位置的变化，还涉及一些形变、多图层展示、模糊到清晰、多屏展示等效果，在After Effects中可以通过不同的制作方法达到不同的转场方式。如图4-12所示，运用了遮挡划开的方式转场，图4-13则是一种相对炫酷且冲击力更强的转场方式。不同的转场方式所带来的感觉是不同的，创作者需要根据画面场景需求选择适当的转场效果。

图4-12 转场效果图1

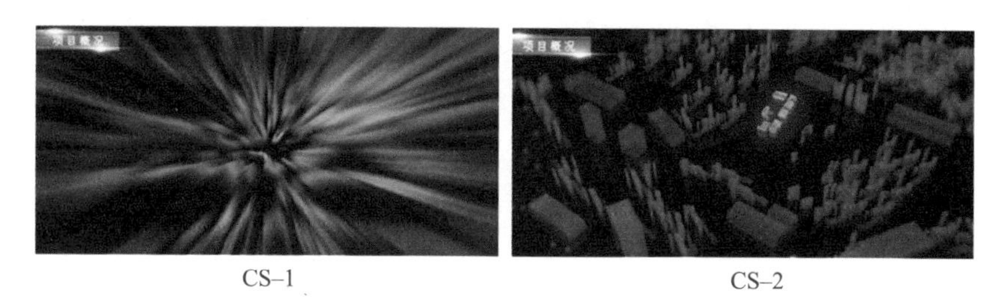

CS–1　　CS–2

图4-13 转场效果图2

3. Premiere与Vegas的运用

在建筑动画中，剪辑主要以Premiere与Vegas为主（图4-14、图4-15），包括画面剪辑及声音剪辑，另外还可以使用After Effects对画面进行特效处理，最后对后期形成的片段进行最终调整，其中包括字幕添加。对于建筑动画而言，Premiere的颜色调节功能可以满足大部分创作者的需求，若期望更细致的调节还需要借助到达芬奇这样的专业调色软件。

图4-14 Premiere操作面板

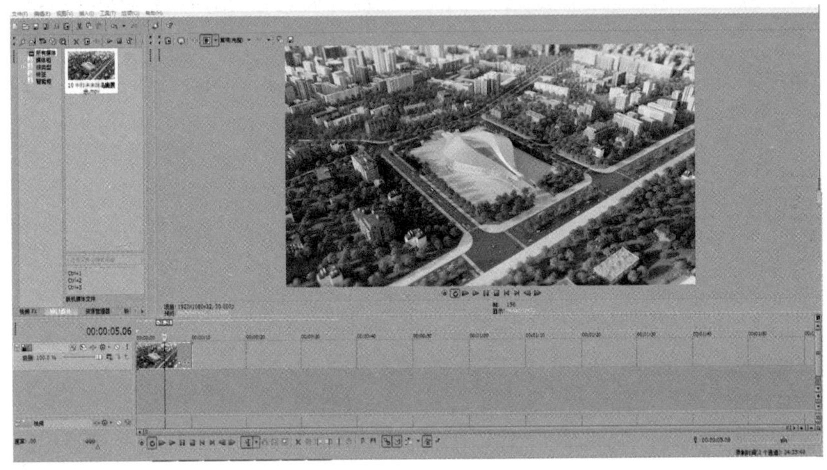

图4-15 Vegas操作面板

在Premiere与Vegas两款软件中，Premiere与After Effects同为一家公司，两款软件的兼容性更强。Vegas在界面上更简洁，便于新手快速理解和操作。

4.2.3 合成的作用

在后期制作过程中，我们通过相关软件将图形图像与视频素材相结合，根据需要来制作相应的特效，起到说明介绍、丰富画面等作用。

在画面中添加特效，增强画面的视觉冲击力，如在车水马龙的商业街内的马路上添加适量发光线条，突出车辆速度，闪亮的线条烘托了街道的繁华与热闹，同时起到增强整体氛围感的作用；如展现具有科技感建筑时，添加几条科技感的流线对建筑轮廓进行快速勾勒，使用数字流或全息投影等特效，并配合画面增添合适音效，突出建筑的未来感与科技感；当建筑体量大或结构内容丰富的情况下，添加合适的动态或特效文字，对展示内容进行一定的说明，让观众进一步了解所观赏画面内容的同时还能增添动画的艺术感和趣味性（图4-16、图4-17）。

图4-16 线条勾勒效果

图4-17 文字效果展示

以上简单的几个例子足以证明合成对于建筑动画的重要作用，通过部分特效、动态效果及片头片尾等画面的展示，可以使得动画更加丰富、完整，视觉效果更具震撼力。

在后期合成中还需要将画面颜色进行统一调整，使画面整体更和谐。此外，音乐与画面的结合、环境音与背景音乐的结合，让画面富有生活气息，为整个动画增添了艺术感染力。

4.3 转场

4.3.1 转场的基本概念

影视作品开创之初是没有转场这个概念的，随着技术与思想的不断发展和细化，逐渐产生了剪辑的概念。随着剪辑概念的出现，转场也一并产生了。转场又称作场景转换，简而言之就是场景与场景、片段与片段之间的衔接过渡。在过渡过程中要保证画面转换自然、流畅。

4.3.2 转场的种类

转场的分类一般分为无技巧转场和技巧转场，无技巧转场指镜头与镜头之间自然过渡，技巧转场指运用特殊转场效果来达到转场的目的。

4.3.3 转场的方法

针对不同的故事发展与情感需要，可使用不同的转场方法，本节主要针对建筑动画所常用的转场方法做一定的介绍。

1. 无技巧转场

（1）相同主体转场

指两个画面用同一个物体进行衔接，这种转场方式自然流畅，让观众在丝毫不察觉的情况下转接到下一个场景。如在一个场景中挂着一幅建筑的照片，推镜头缓慢推进，直到下一个画面与上一个画面处于相同景别时，直接衔接下一个场景，再通过拉镜头显示建筑全貌。这个过程引导观众的注意力随着画面的转换而改变。

（2）同景别转场

顾名思义指上下衔接的画面景别相同或景别变化小，不会引起视觉上的跳跃，画面衔接更加紧密、过渡更自然，但不宜一个片段过多使用。

（3）遮挡转场

遮挡转场是利用遮挡物进行转场，通过前景物体对镜头进行遮挡，当遮挡物移开，会出现下一个场景。如当镜头在拍摄某建筑时，画面前景驶入一辆汽车，当汽车驶出镜头外再出现其他的场景，在这个过程中需要保持画面流畅。遮挡转场需要两个镜头紧密配合，所以在前期就要具备一定的思路。

（4）声音转场

声音转场是通过音乐来进行画面转换，建筑动画的声音转场主要通过音乐来实现，根据音乐的节点和情绪起伏来处理画面。音乐与画面的结合产生出特殊的感染力，伴随美妙的音乐，能够让观众沉浸在建筑及其周围环境的美好氛围中，进而塑造建筑的特色和亮点所在。

2.技巧转场

（1）淡入淡出

淡入淡出又称作交叉叠化，指前一个画面慢慢淡化直至消失，后一个画面由无到有的出现过程，且前后画面交叉重叠，能比较自然地完成前后不同画面的衔接，如图4-18～图4-21所示。该效果会给观众在视觉上造成“间歇感”，在镜头剪辑存在跳跃感或有一定画面瑕疵时，此种转场方式还可以弥补一定的缺陷，让画面与画面、段落与段落的转场更完整、自然。

图4-18　淡入淡出1

图4-19 淡入淡出2

图4-20 淡入淡出3

图4-21 淡入淡出4

（2）黑场转场

黑场转场主要是指最后一个镜头从有画面到画面消失的过程，如图4-22～图4-26所示。这种转场方式一般运用在结尾或一段内容结束后。黑场转场也有快慢之分，快速黑场转场有以下几种常见情况：画面变换节奏较快；下一个镜头开场具有一定的冲击性；音乐节奏和情绪戛然而止，画面跟着结束或在音乐明显转折处黑场。缓慢黑场镜头的运动速度、画面节奏和情绪相对较慢，以画面慢慢结束，暗示故事已经到了结尾的方式来结束场景。黑场转场的节奏一般由整个画面的节奏和片段结束时间点来决定。

图4-22　黑场转场1

图4-23　黑场转场2

图4-24　黑场转场3

图4-25　黑场转场4

图4-26　黑场转场5

（3）白场转场

白场转场与黑场转场相反，在两个镜头片段衔接时，一个正常画面会渐变为全白，之后全白画面会逐渐转为下个场景，在电视电影中用来表示回忆，在建筑动画中较少使用（图4-27～图4-30）。

图4-27　白场转场1

图4-28　白场转场2

图4-29　白场转场3

图4-30　白场转场4

（4）特效转场

通过后期处理软件，对上下衔接画面进行特效处理，让画面通过旋转、缩放、模糊等方式进行转场。这样的转场方式变化较大，对观众的视觉与心理会有一定的冲击力，也为动画增添了一些活跃的效果。

在创作一部建筑动画时，合理使用转场来衔接两个画面是非常重要的，转场的随意使用可能会对整个动画的叙述节奏产生干扰，而创作者使用转场的目的是为了更好地服务作品本身，这需要创作者结合画面场景、烘托氛围等因素来对转场进行合理地运用。

第5章

强化镜头语言在建筑动画视觉应用中的效果

5.1 解决存在问题的对策

5.1.1 加强建筑动画的前期脚本编写

无论哪种形式的动画都需要前期策划和市场调研，建筑动画更是如此。如果建筑动画前期策划做得到位，动画的主题明确突出，动画风格也能在一定程度上达到统一，并能对动画所使用的表现方法产生一些应用构思，镜头语言将顺利展现。加强前期脚本策划主要分为两个方面：一是在确定制作某个建筑动画时，召集所有创作者和设计人员进行头脑风暴，所有人一起进行思维碰撞及推敲出来的想法会比较有创意。镜头语言需要大量创作，其灵活多变的特性赋予建筑动画更大的可能性，只要设计思路创新，并将动画镜头语言元素加以重组，再把这些想法融合在我们的建筑动画创作脚本中，就有可能产生新的创意想法来辅助镜头语言。二是市场调研，指需要在建筑动画设计前对类似动画进行相应的市场调研。关注同类建筑动画是如何进行镜头语言的表达，如何让自己的作品在市场上有一定的占有率，又不同于市场上的设计思路，是必不可少的一个步骤。很多优秀的动画作品都是经过反复推敲打磨后才开始进行创作的。迪士尼有位总裁曾说过："每次在抉择下一部影片的故事之前，我们都要反复进行市场调查。在片子即将完成时，我们还要在内部邀请数以百计的孩子和我们一起观看，通过他们的反映对影片进行检测、修改，力争最好。"在镜头语言的设计上，我们都应该秉承如此严谨的态度，在前期的市场调研中，着重观察市面上类似建筑动画影片的视觉语言用法，也同时关注受众群的喜好，从中总结出视觉语言并进行归纳，以便用于我们之后的建筑动画创作，这对建筑动画镜头语言的整体水平有较大的推动作用。

5.1.2 加强分镜头设计推敲

动画分镜头是动画创作的基础，也是动画创作过程中具有指导意义的基本蓝图，建筑动画也不例外，其在创作过程中要严格按照动画分镜头进行制作和视觉表达，因此动画分镜头设计直接影响动画镜头语言表达，其在动画创作中十分重要。镜头也是构成影视动画画面的基本因素，镜头和画面密不可分，它们之间相互影响、相辅相成并融为一个整体。

（1）文字分镜头

文字分镜头台本是通过对建筑动画的主题思想、风格表现与理解进行的创意文字脚本。在分镜头脚本中对这个文字性的故事实行结构调整和创意上的取舍，用蒙太奇的手法将剧本分成若干个分镜头，每个分镜头注明镜头运用的方式。文字分镜头脚本是绘制分镜头画面的有效依据，文字分镜头具有简单、明了、准确的特点，运用电影的镜头语言展现建筑动画的表现方式和风格，达到剧本文字的视觉电影化。

（2）画面分镜头

画面分镜头是创作者把文字分镜头落实到以连续画面为单位的分镜头脚本上，这是动画创作中一项非常重要的步骤，创作者需要对文字脚本进行反复琢磨推敲后，结合现实场景概念，搜集整理动画创作所需要的素材，并确定影片的整体风格样式，对动画整体进行艺术构思创作。在完成动画风格设计后，运用电影视觉语言将文字分镜头脚本视觉化，按照脚本的先后顺序前后连贯成整个动画。画面分镜头一般是手绘草图，对动画的创作起到指导性的作用，画面分镜头一旦确定就将成为整个动画创作的依据，大量的画面分镜头草图可以作为动画前期创作的可视化方向和蓝图。

建筑动画和电影的艺术表现手法非常相似，都是通过一个个镜头衔接起来表达一个完整的故事，镜头中的内容体现导演的意图。在建筑动画创作中，动画镜头具有重要的作用，镜头将建筑动画的故事情节以及动画的节奏完美表现出来，通过动画镜头语言，可以更加生动地表现建筑动画艺术视觉化效果。建筑动画中景别的设计和镜头运动的设定会对动画起到非常重要的作用，并且不同的景别对人的心理情感会产生不同感受。近景可以在观者想要看清楚画面内容的时候使用，而远景和全景又往往能够起到宏观的描述作用，远景、近景突出表现了建筑动画的整体与细节，使其成为动画视觉语言的重点。

摄影机的运动直接影响建筑动画镜头的整体画面感，而镜头的画面衔接更需要转场的技巧，这一切都需要好的前期分镜头设计来确定摄像机的运动。不同的镜头运动是通过不同的运动路线来表现的，镜头的运动主要是通过前文讲述的“推、拉、摇、移、跟”这五种不同的运动方式来表现。

5.1.3 镜头语言与新技术的融合应用

随着科技不断进步，给镜头语言在建筑动画中的应用带来了新的发展契机，除现在的三维动画之外，还有MG动画等技术表现形式，这些动画与新技术的融合，可以让建筑动画的视觉表现形式更加丰富，同时具有良好的视觉效果，并且还可以创作出更多新型的建筑动画视觉表现形式。

融合新技术之后的建筑动画，使观者更加具有身临其境的感觉，这也使得镜头语言在这样的视觉环境中更加具有多元化的体现，镜头语言的表达元素也比之前更具有视觉震撼力和真实感，也更贴近大众审美的趋势。

5.2 提升镜头语言对建筑动画视觉表达的效果

5.2.1 镜头语言对于建筑动画视觉表达的功能性

镜头语言的应用可以大大增强动画本身的传播性。建筑动画视觉表现的主要功能是传播和交流。换言之，建筑动画的创作者通过视觉表达这一途径向观众传递信息，而经多年经验总结，镜头语言应用在此视觉表现中可以使传播信息的功能得到放大。很多建筑动画加入镜头语言后，观者在观看时就会处于一个具有较高水平的视觉环境中，自然会对动画产生兴趣，在这种情况下，建筑动画的展示就更加有效，更加具有美感，且观者更加容易接受。

镜头语言的应用可以增多建筑动画的信息量。这主要体现在两个方面：

第一，使用景别的变换。不同景别所表现出的距离、角度和场景大小都不一样。在建筑动画中，我们可以巧妙地利用这一点来改变每个镜头的细节，比如，在建筑动画开篇一般使用远景或者鸟瞰这样的较大景别，可以让观者在较远的距离来观察建筑主体。在表现主体的整体规划之外，还让观者清楚了解周边环境及配套设施、交通及绿化等重要信息，这就大大增强了镜头的信息量，给项目信息展示做出较大贡献。同样，在一些细节的表达上采用近景的形式展示，我们可以通过近景来展示建筑的细节，观者通过远近镜头对比的视觉语言可以对项目了解更加深入，这种沉浸式体验会对建筑项目起到积极的宣传作用。

第二，使用摄像机的运动。对于气势宏伟、场景较大的项目，我们可以合理安排摄像机运动方式来对项目进行展示，这里主要使用镜头运动中的“摇”和“移”两种方式。摇镜头主要对应表现环形或不规则大型场景，在使用摇镜头的过程中，摄像机位置不动，在镜头多角度的变化中起到展示项目场景的作用。而移动镜头、升降镜头的表现形式多用于水平和垂直这样比较规则的角度，通过镜头的左右或者上下移动来展示场景。因为摄像机镜头的移动会在较短的时间内产生一组镜头，这组镜头会以一种较为连续的方式来描绘主体，其中每个镜头由于位置角度的变化就会带来不同的视觉语言，在所有的镜头运动方式中，只要合理加以运用，这些运动方式都能很好地展示建筑动画可记录的功能特性。

5.2.2 提升镜头语言对于建筑动画视觉表达的商业及社会价值

（1）商业价值

建筑动画大部分都有不同程度的商业用途，房地产开发商运用建筑动画向观者展示他们的产品，使观者能够沉浸式体验该建筑项目，以此激发观者的兴趣，使观者成为潜在的客户。这需要做到不断提升视觉语言的表达水平，不断满足观者审美水平的需要又自然贴合建筑动画商业性的主题。在视觉表现中使用镜头语言能给建筑动画的商业性带来极大的收益。首先，镜头语言可以使观众的视觉中心汇集在商业主体上，镜头语言可以通过摄像机的运动或者较小的景别运动来不断强调主体，并将观者的视觉注意力引向主体，在这个情况下观众会对所表现的产品产生较高的印象和辨识度，并对产品的信息产生重视。

其次，镜头语言能够通过较好的视觉效果吸引观众，只要观众被相关的建筑动画吸引，就会潜移默化地接受建筑动画中的商业信息。构图、景别以及镜头的运动方式等几种镜头语言元素的运动可以显著提升动画影片的视觉效果，从而吸引观众的视觉注意力，将商业信息传播出去。

（2）社会价值

第一，重视镜头语言的应用在社会整体审美水平提升中的重要作用，如今建筑动画市场飞速发展，就会有越来越多的建筑动画产品在不同的场合出现在观者面前，在这种趋势之下，建筑动画所要面对的观众以及潜在的观众就会不断增多，随着建筑动画逐渐进入主流动画的领域，观众对于建筑动画的期待和审美要求也在不断变化，而镜头语言所带来的视觉效果正好能够迎合这种趋势，建筑动画创作者从镜头语言中获得大量的视觉表达手法和创意，并运用于实际创作中。观众的审美要求与动画制作的手法相互促进，使得社会整体审美水平得到提高。

第二，重视镜头语言在应用过程中与不断发展的三维虚拟技术的结合和创新，镜头语言的应用水平不断被推向新的高度，其自身也在不断改革创新，而我国三维虚拟技术近年来的快速发展给了这种创新更加广阔的空间。镜头语言将自身的技术性特征与三维虚拟技术相结合是其在建筑动画中长远发展的一个必然趋势。镜头语言在视觉表现中与虚拟技术的融合可以使得建筑动画的效果更加精致和逼真。同时，镜头语言应用水平的不断进步对于三维虚拟技术发展也有促进作用，二者相互融合，共同发展。

5.3 强化镜头语言在建筑动画视觉表达中的审美价值和文化内涵

5.3.1 建筑动画设计过程中审美价值的提升

审美是一种社会现象。事实上，无论在东方还是西方，美学思想都有两千多年的历史，审美是人类一项不可缺少的精神文化活动，是人类一种基本的生存活动，是人性的一项基本的价值需求，它反映人们欣赏美的自然，艺术品和其他人类产品所产生的一种愉快的心理体验，而审美价值相对于人类的审美活动来说是客观的。它始终自然存在于审美主体之中，不因人们的主观思想和意志而发生改变。镜头语言在建筑动画中进行表现时所产生的审美价值是一种视觉上的动态美。

由于是在建筑动画中进行表现，镜头语言所带来的这种动态美主要源于建筑美。建筑美是艺术美学的一种形态，通常建立在建筑技术的基础上，重在表现建筑物的空间之美，而在其视觉表现中加入镜头语言就把这种建筑美与动态美结合在一起，在建筑动画中，以镜头语言为主的一系列视觉表现手法让原本静态的建筑物展现出动态艺术之美，观众在观看建筑动画时能够在动态的画面中感受建筑物的空间表现效果，通过镜头语言的表现来感受建筑主体之美。

镜头语言应用于建筑动画中的审美价值包括了艺术价值自身的复杂多变性，所以这种审美价值需要在理论与实践中同时产生，它既体现了动态美，又为观者欣赏建筑动画提供了理论指导，主要体现在以下几个方面。

（1）营造意境之美

意境在中国传统美学当中是一个极其重要的美学范畴。意境的形成历史久远，庄子曾说“言者所以在意，得意而忘言。”王昌龄率先提出诗句有“三境”，一曰物境，二曰情境，三曰意境。

在现在很多建筑动画项目中，根据项目特点与制作风格，加上视觉语言给人带来的心理意境均不相同，尤其是经过后期包装后的动画风格，有中国风、现代风、科技风等，每个不同风格意境均不同。优秀的建筑动画，最重要的就是意境，意境营造的是建筑动画的灵魂。建筑动画不只是自然环境、风景、建筑、园林的纪录片，它要求景观的准确性，但更重要的还是表现人对建筑景观环境的思想感情。

当前建筑动画的创作，不能只依靠娴熟的技术、模拟现实来完成。对作品意境的营造与追求，是建筑动画的发展核心。建筑动画的意境营造，得益于传统美学的滋养，而“艺术创作的认识过程是由物而情、由情而物，再由物而情、由情而物地不断循环，逐步加深之中进行的”。因此，建筑动画的创作者要不断提高自己的艺术素养和审美境界。对意境营造的不懈追求，为完善动画创作中虚与实、情与景等创作手法和为提升建筑动画的艺术价值及建筑动画行业的发展提供了原动力。

艺术具有历史继承性，传统优势是中国动画立身之本。中国动画史上，但凡给观众留下深刻印象、回味无穷的作品多取材于传统经典题材故事，作品饱含哲理，富于意境之美，即便是现代，中国建筑动画作品亦多在美学特征上继承传统优势，或在题材、形式上进行探索，突破传统并呈现出崭新的意境形态。

（2）体现节奏之美

节奏是一种美的表现，在动画艺术中，这种美起到至关重要的作用，像灵魂与载体一样，节奏的美使动画艺术保持着青春的活力，它可以最大程度激发观者的审美热情，是一座实现动画创作者与观者交流情感和思想的桥梁。节奏是指动画设计中展示出的此起彼伏的张、弛、松、紧、高、低、长、短、阻、畅、轻、重、强和弱等具有规律感的动态。节奏存在于所有的艺术设计中。节奏是创作者内心情感的表达，通过节奏来展现作品的韵律，是与观者沟通的桥梁，促进创作者与观者对作品产生的共鸣。音乐的职责为展现节奏，随着音调的高低变化，使千万种旋律交相辉映。动画附着于音乐的节奏上，建筑动画可以跟随音乐的韵律感进行快慢等变化，这也是动画最关键、最重要的一个部分。缺少了节奏的动画艺术是没有灵魂的，换句话说，节奏给动画注入了灵魂。一部优秀的动画艺术作品，最能吸引观者的目光与激发观者的审美需求、兴趣及感情，正是这重要的节奏，有了节奏，就有了艺术的魅力，就能引起观众内心的共鸣。

（3）体现均衡之美

前面说过均衡的问题，这里所说的均衡是利用画面构图的技巧让影片画面表现出均衡平和的美学规律。

影视画面构图是否合理和完善，在很大程度上取决于画面是否均衡，可以理解为，画面的构图设计，最重要的一点就是构图的均衡美。一个影视画面包含着诸多视觉因素，这些因素都会对画面均衡产生影响。

（4）主体位置对画面均衡的影响

主体是画面的重要组成部分，尤其是建筑动画中的建筑主体是整个动画的中心，在多数画面中，它不但是表达内容的中心，也是画面结构的中心。

主体在画面中位置的不同会影响视觉均衡感，如将主体置于画面的中央，虽然能使人感到均衡、稳定，很容易达到视觉上的均衡效果，但这种方法会使画面显得呆板、无生气，而且还会让观者的目光锁定在一点上，使观者忽视画面中的其他细节，这样的构图对观众的吸引力不大。若主体在画面的下部，由于下部过重会产生压抑感；若主体在画面上部，则由于画面下部显得过轻，会使人有轻飘不定的感觉；若将主体安排在画面的边角上，画面显得比较活跃、动感较强。不管放置于何处，在画面的另一处要有其他元素和主体进行搭配，才能达到视觉的均衡，但总的来说，主体在画面中的安排没有固定的模式，只要能够完美地表达主题思想，都是正确的。

但是，不管如何，它们必须以某种方式与主体发生关联。起均衡作用的成分必须被有效地布置在画面中，使其能够在视觉上成为主体的一种均衡物。需要注意的是，不管这些均衡成分是什么，也不管被安排在哪里，与主体相比，它们只能居于次要地位，在任何情况下都要以渲染烘托主体为主要目的，绝不能喧宾夺主。如果均衡成分与主体具有同等的重要性，那么，事实上就是一个镜头中有两个主体。这种情况还是占少数，本书所指的均衡不是让大家一定依照严格执行，有时故意打破常规、改变镜头视点，可以使画面更新奇、更生动。这往往比常规的构图方法更有吸引力，更能产生较好的视觉效果。

（5）色彩对均衡的影响

人们对色彩的感受是审美感觉中最大众化的。影响人们心理和生理的力量在相当程度上归于色彩。色彩除了具有知觉刺激，能引起人的生理反应之外，还会经常由于观赏者的生活经验、社会意识、风俗习惯、民族传统、所观看过的自然景观、所使用的日常用品等因素的影响，而对色彩产生具象的联想和抽象的感情，这对画面均衡是有一定影响的。在彩色画面中，人们试图获得的不仅仅是画面构图之间的均衡，而且还必须实现色彩之间的均衡。比如说，在一个画面中，几个红苹果被很恰当地安排在画面的左边，右边是几个绿苹果，可以说，这个画面在形状方面的构图是均衡的。但由于所有的红苹果都被安排在画面的左边，所有的绿苹果都被安排在画面的右边，它在色彩方面是不均衡的。为了使画面达到色彩上的均衡，就有必要在右边重复红色，此时你只需要将一个红苹果放入右边的绿苹果中即可实现此画面整体上的均衡，使整幅画面看起来比较协调和统一。

用冷暖色相均衡，用原色与补色相均衡，用原色、补色与消色相均衡，用相同的色块大与小相均衡，用动态对象的色彩与静止物的色彩相均衡，用完整色块与残缺色块相均衡。把握这些色彩均衡关系，在动画视觉效果上就会达到一定的画面均衡。

5.3.2 建筑动画设计中的文化内涵

镜头语言在建筑动画中应用时展现了建筑文化，建筑文化是依附真实存在的建筑物而存在的，建筑文化又是基于中华上下五千年文化的沉淀积累出来的，并随着所依附主体的不同而产生差异，它通常包括建筑思想、建筑物本身的特性、建筑技术等。建筑动画表现建筑物，所以建筑动画的文化内涵与建筑物本身特性关系最为密切。

镜头语言在应用时首先可以将建筑物实体在建筑动画中更加全面逼真地展示出来，以此将蕴含在建筑物实体中的建筑文化表现出来；其次建筑动画视觉表现可以让建筑文化转换成一种非建筑形态的形式，而加入镜头语言元素之后这种形式就获得了更高的能量，以更加精致的状态被保留下来。

近百年以来的中西文化交流中，中国传统文化对动画艺术的影响表现在动画的叙事手法、艺术特色方面。然而动画设计（角色、场景、色彩、声音、动作、台词、摄影）的创作者始终离不开中国传统文化和哲学的浸润，动画制作流程的演变使文化元素在制作动画的时候不断变化。

建筑动画是一种创意性的文化活动，动画设计中各种形态文化元素的相互吸收、融合是提升动画作品质量的保证。现代科技的发展给影视动画设计的发展带来了无限的可能，多媒体数字技术使国外动画艺术的表现形式、制作手段多样化。中国动画设计与制作中应用传统文化知识较多，因而显示出独特的艺术魅力。将传统文化因素应用到建筑动画设计中，增加作品的文化内涵，已成为建筑动画设计发展的内在需求。

在建筑动画中不尊重传统文化情感、价值、审美、精神的追求，或者只注重将数字技术应用到建筑动画艺术设计中的做法，毋庸置疑，民族文化的精髓和民族尊严在这样的环境中不可能得到发扬光大。建筑动画的传统精神和数字技术应该在动画创作者的操作下成为动画设计的手段或者工具，如果过分强调数字多媒体技术的功效，影视动画有可能会沦为高科技的附庸，从而失去动画应有的文化内涵、艺术价值、作品情感和风格。如创作屈从于科技的力量；创作者的创作思维钝化；影片中重复、雷同、低俗、抄袭等现象的出现，会使建筑动画艺术蒙羞。在文化全球化的背景下，面对动画设计理论比较冷落的场面，编者认为对建筑动画设计中文化元素的运用，应结合具体的动画艺术或者现象作理性的思考和总结。

第6章

案例分析

6.1 根据项目性质制作镜头脚本

当着手制作一个建筑动画的时候，首先需要了解项目的一些基本情况，比如说项目的规模、类型、设计风格、需要的配景、尺寸、功能等，这便于我们进行前期的策划和资料准备。

在和客户沟通并确定好制作需求后，为了保证建筑动画制作思路与客户需求统一，在动画制作的前期，我们需要先制定建筑动画分镜头脚本。这样的分镜头脚本一般以文字结合图片的形式呈现，包含以下内容：镜头号、画面内容、旁白、景别和镜头长度（表6-1）。

分镜头脚本示例　　表6-1

镜头号	画面内容	旁白	景别	镜头长度
C01	鸟瞰场景，围绕主体做旋转镜头，表现科技馆全景	本项目包含了科技成果展示区、会议区等主要功能	远景	6s
画面示例				

建筑动画是由多个镜头组成，而每一个镜头在分镜头脚本中都有对应详细的镜头内容、时间、风格等要求，这指导着所有动画制作人员后续的工作，因此分镜头脚本的存在至关重要，它避免了由于需求不明而导致的重复返工工作。有的制作人员会在制作动画前编写动画的配音稿，或者是要求客户提供配音稿以便动画工作的开展，而这样的文字配音稿不等同于分镜头脚本，虽然配音稿确定了整个建筑动画的思路，但画面内容、镜头运动、画面表现等方面仍然是含糊不清的。因此我们需要养成先制作动画分镜头脚本的习惯，尽可能不要在没有脚本的情况下凭自己的感觉随心地去做，在这种情况下可能导致耗费我们更多的时间和精力。

建筑动画的分镜头脚本描述的主体是建筑，通过将文字结合图片的内容去替代动画中的画面，使用各个分镜头去塑造建筑物的形象和表现创作者的意图，因此在表现建筑每个区域的分镜头数量、分镜头使用的景别、运动方式都值得细细推敲。并且，一个动画的灵魂应是它的创作脚本，在制作脚本的时候就应该想到该动画的表现重点与亮点之处，以及通过何种表现形式去呈现这些部分。

一个优秀的建筑动画需拥有它本身的特色和风格，这样才会使得它在众多动画之中脱颖而出，这都需要在前期制作脚本的时候进行一定的考究。否则，一个制作精美的建筑动画，它的逻辑是混乱、存在问题的，并且缺少思考与创新，那么它本身的效果将会大打折扣。

建筑动画分镜头脚本的制作能够使得所有参与这个项目的人员清晰地了解整个动画的逻辑关系和表达的主题思想，并且在创作分镜头脚本的时候会使用到建筑动画的相关视觉语言，从而使得相关创作者能够在制作动画时根据脚本做有针对性的创新和思考，避免因思路不清而导致效率低下，提升了更多创新的可能性。

在制作建筑动画分镜头脚本时，场景的模型制作可以同步进行，同时模型的精细程度可以参考分镜头脚本。对于有近景、特写的镜头要制作高精度模型，以加强环境的真实性；如果画面中配景不着重展示，那么对场景模型的精细程度要求较低，可以使用低精度模型来作为场景模型，节省模型的制作时间。

6.2 模型检查

建筑模型的创建可以在多个软件中实现，比较常见的有：Revit、3ds MAX、

SketchUp、Rhino等。基于近几年BIM技术在我国的蓬勃发展，Revit作为实现可视化应用的主要工具，使用Revit建模的人员也越来越多。在这里，我们将Revit作为建模软件，使用Revit的导出功能来获得我们所需要的模型。

在后期渲染方面，我们将使用Lumion作为主要的漫游动画制作工具，它是一款能在短时间内快速制作建筑动画的渲染软件，但Lumion的缺点是不能在软件内修改模型，考虑到渲染人员对于Revit的掌握可能并不精通，在这里引入渲染人员更为熟悉的3ds MAX软件，它作为Revit和Lumion的“中转站”，用来处理模型上的问题。

为了方便后期处理，在创建模型时需要遵循一定的建模规则，例如，规范创建场景模型，尽量使用产生面数更少的建模方式；避免重复面的建立，重复面的产生一方面增大了模型内存，另一方面会导致物体闪烁的问题；在能够保证画面效果的前提下，可以使用贴图处理的情况不用具体建模；模型创建完毕后需要删除不必要的面、线、点等物体，减少模型数据量。

在导入模型前，最理想的状况是能够在建模软件内提前做好模型预处理，特别是在对象为大型场景的情况下，由于场景中存在的模型量非常大，如果不对原始模型进行相应的精简，那么在导入模型以及模型处理的过程中，很有可能会出现软件卡顿、崩溃的情况，这会严重影响后期工作的开展。

在建模人员处理完模型以后，我们可以先将模型导入至3ds MAX内检查，使用[文件][导入]功能，然后在弹出的对话框内点击确定，如图6-1所示。

图6-1 文件导入功能

如果原始模型过大而导致文件导入较慢，可以要求建模人员按需要分成几部分导出，注意在导出的过程中不能改变各个模型的坐标，否则它们合成后无法对齐。文件导入后再使用[文件][合并]命令将所有的模型合成为一个模型，如果模型距离坐标轴较远，可以使用[组][组]命令对模型进行成组处理，最后在面板上的移动变换处将绝对坐标全部归零，这样使得我们后续能快速地找到和选择模型，如图6-2所示。

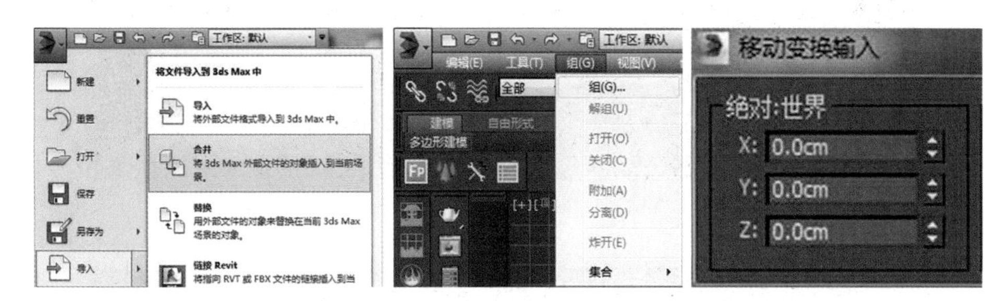

图6-2　文件合成后成组将坐标归零

在开始检查模型的时候，需根据脚本中的镜头内容预判哪些模型是我们不需要的，然后删除不会出现在镜头内的模型。随后在菜单栏中找到层管理器，将模型按层分类并相应命名，这样能使我们更方便地选择某类模型，如图6-3所示。

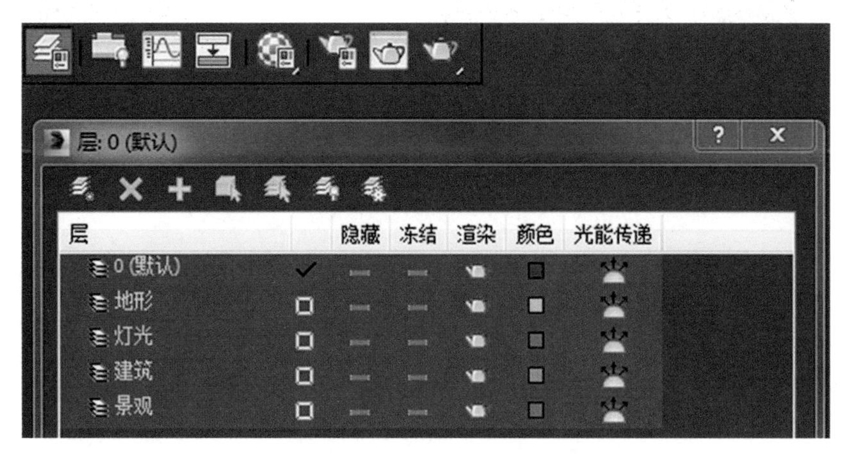

图6-3　层管理器下的分层示例

对模型进行分类后，检查场景中各个模型存在的细节问题，并对照着分镜头脚本查漏补缺。下面以某科技馆为例，某个分镜头的脚本内容为：“鸟瞰场景，围绕主体做旋转镜头，表现科技馆全景”，并有相应的图片示例（图6-4），而我们的模型如图6-5所示。

图6-4 分镜头脚本中图片示例

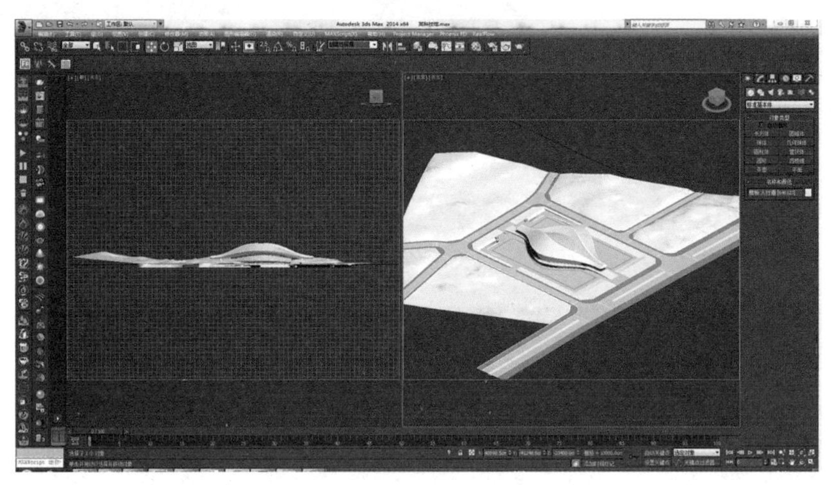

图6-5 某科技馆模型展示

当将模型调整到鸟瞰视角时，发现依照图纸所创建的原模型场地不完善且道路过短，这就需要我们对模型进行一定的处理。在此案例中场地接近于平地，因此场地不完整的问题可以在Lumion中解决，但道路模型必须通过延伸处理，否则镜头中出现不完整的路会破坏整个画面的和谐与自然感。

在3ds MAX中，我们可以根据分镜头脚本来模拟围绕主体科技楼的旋转镜头，来观察延伸后的道路是否在画面内还会存在不完整的情况，同时在这个过程中检查其他可能被遗漏的地方，对模型进一步修正。待模型检查完毕后，将文件导出在专门的渲染文件夹中，注意文件保存的路径和文件命名尽量不要使用中文，避免模型在导入及使用中发生错误。

根据需要，可以将模型分类型依次导入Lumion，随后使用关联菜单中的[变换][对齐]功能，使所有的模型整合在一起。在模型导入后，我们需要在Lumion内对模型进行再检查。如果在Lumion内检查到有较大的模型错误，可以在模型更改后重新将新模型导入Lumion。若发现有单独或多个模型构件需要更改，我们可以先记录需要更改的模型构件及相应的位置，并将这些模型构件的材质调成“无形”，随后再将修改后的模型文件导入Lumion，对该文件和原模型文件进行对齐处理，这样可以大大节省文件导入、导出的时间，但在修改的模型构件数量多、调整材质会影响到其他模型的情况下，建议重新统一修改模型后再进行文件导入。

6.3 摄像机设置

在模型导入Lumion后，我们会发现模型的材质已经丢失了，这需要在Lumion中重新赋予模型材质。Lumion有着丰富且细节真实的材质库，使用Lumion自带的材质可以让最终呈现的画面材质更真实自然。有的时候材质赋予工作会随着模型量的增大变得非常繁琐，因此我们只需要有针对性地调整出现在镜头内的模型材质即可。

打开Lumion的动画模式，根据分镜头动画脚本创建我们想要的镜头，Lumion默认的镜头为广角镜头，镜头焦距是15mm，我们可以根据镜头的景别来决定焦距的大小。在摄像机创建的过程中，移动摄像机到合适的位置进行拍摄，通过拍摄后的两张相邻画面便自动形成了动画路径，我们可以对形成的镜头片段进行画面观看和速度调整。通常情况下，一个镜头动画的速度应是匀速的，并且画面主体保持相对稳定，这需要我们注意相邻画面之间距离的统一，并且避免随意更改镜头的高度和角度。特别是在制作拐角过渡路径的时候，为让画面看起来自然流畅、不卡顿，我们可能需要反复调整摄像机的位置和角度。在进行镜头运动的时候，时刻注意镜头视角的高低，不要使镜头和模型之间发生碰撞，也不要让摄像机穿过墙体、关闭的门或窗等构件，否则这样的画面会影响整个建筑动画的观看效果。

当在制作鸟瞰漫游镜头时，我们可以使用一个存在于Lumion软件中的小技巧。鸟瞰镜头是一种特殊镜头，需要我们将摄像机从默认的地面上移动到上万米高空，并且还要尝试用各个角度去总览全局。但在大场景中反复移动会降低工作效率，我们可以按下[CTRL+数字键]保存所需要的视点，待所有视点都记录完毕后，再使用[SHIFT+数字键]返回到相应的视点并进行各视点画面对比，同时还能在拍照模式下观看各个视点拍摄形成的画面并进行相应地调整(图6-6)。这样的操作能使我们在大场景中进行快速地移动和视角修正，大大地节省了软件操作时间。

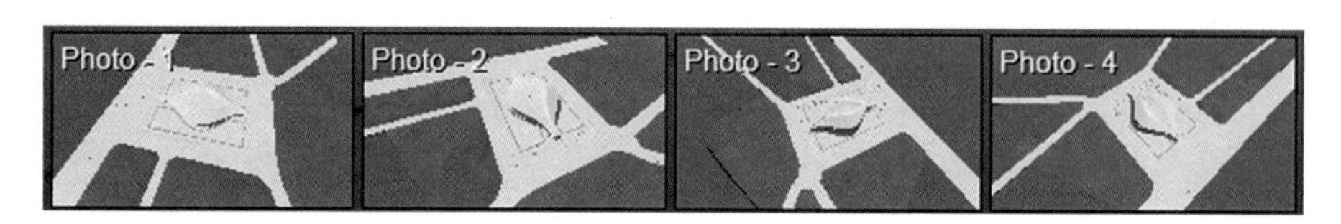

图6-6　拍照模式下各视点形成的图片

摄像机镜头的移动讲究艺术感和美感，镜头移动的方向、角度、速度决定了画面所呈现的效果和所要传达的感情。使用上下移动的升降镜头去表现高耸建筑物的立面，随着镜头的垂直移动造成了画面的连续感和延伸感，这是摄像机运动路径呈直线时所带来的视觉美感；使用绕建筑主体做旋转运动的镜头去表现建筑物各方位的特点，使得画面更有立体感和层次感，这是运动路径呈弧线时带给人的心理感受；速度过快的镜头具有冲击、震撼之美，速度过慢的镜头则具唯美、优雅之感。因此，我们在进行摄像机设置时，除了要根据脚本进行相应的镜头运动外，还要考虑到具体如何运动才能最大限度地体现画面的美感。

6.4 初调材质

当摄像机镜头片段形成后，再根据各个镜头中的画面内容进行材质赋予，我们可以按照材质面积的大小依次来对模型赋材质，这样在视觉上我们能更方便发现没有材质的物体。

模型材质的赋予是有依据的，要参照建模人员创建原始场景的材质和提供的资料，以此来进行模型材质的检查和确认，和及时与相关方进行进一步的材质确定，并对不适合的材质进行相应地更换。

Lumion的材质库中将材质分成自然、室内、室外、自定义四类，自然包括水、石、土、草等天然材料；室内和室外则是以不同环境下通常使用到的材料不同而作了材质区分，室内和室外都包含的材质类别有玻璃、金属、石膏、石头、木材，室内的材质还包含布、皮革、塑料、瓷砖、窗帘，室外的材料另外包含砖、混凝土、屋顶、沥青。这是由于室内外环境的功能差异而导致了环境内物体材料上的差别；在自定义板块中则涵盖了供使用者调节的各项材质，它的材质参数往往需要人为设定，不能完全直接调用。

如图6-7所示，场景里的模型使用了Lumion材质库中的各项材质，使得我们能一眼辨别草坪、观赏湖、建筑主体和道路等物体。这里直接使用了软件中自带的材质，并且在材质没有进行调整的状况下，可以发现建筑主体的玻璃、草坪以及路面的效果并不突出。

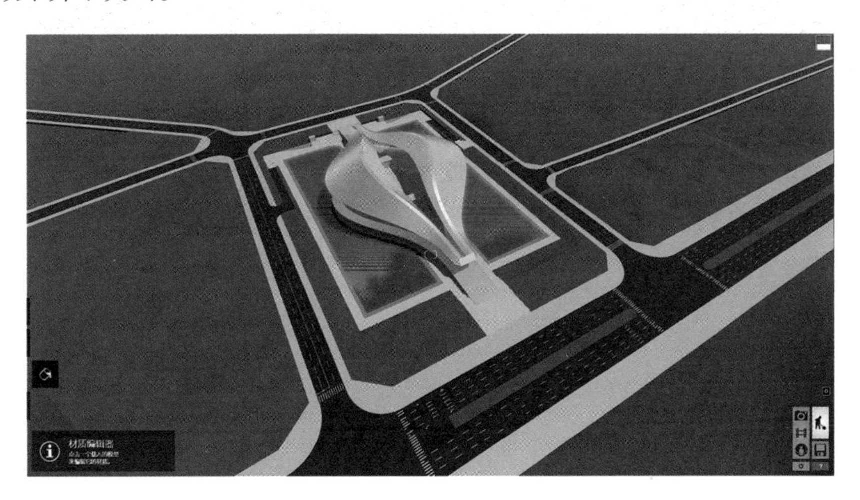

图6-7 默认材质下的模型展示

在赋予模型材质的时候，需要对材质的贴图纹理、光泽、反射率做初步的调整，在鸟瞰镜头下可以适当地提高材质的缩放值，使画面内各物体的纹理感更突出，显得更为真实。图6-8为在初调材质之后模型所呈现的状态，可以观察到草坪、道路、玻璃等物体在这里有了明显的变化。

不同类型的材质在材质面板中拥有着不同属性的参数，比如草坪材质可以修改颜色贴图、法线贴图、着色、光泽、反射率、视差、缩放值以及一些扩展应用，这些参数的更改直接影响着材质的视觉效果。比较常调整的有颜色贴图、光泽度和反射度，颜色贴图更改了材质的内容，使材质的使用更符合当下的环境及场合，而光泽度和反射度则决定了物体的质感表现，它们的调整能够使材质从草地向金属、塑料、木头等质感转变。

建筑的材质决定了它的风格及特点，也决定了给人的视觉感官印象。由于场景内的灯光会影响到材质的表现，所以在调整材质参数时需要考虑到后续灯光的添加，保证画面中色彩、材质与灯光的和谐统一。我们还可以通过对色彩、材质、灯光三者的巧妙设计与结合，深化画面氛围及意境感，加强画面的视觉表现力。

图6-8　初调材质后的模型展示

6.5　配景增添

没有相应场景配置的建筑动画是偏向于“概念性”的，即可以认为它是不完整的。场景中各类配景的存在会使得建筑动画更加丰富生动，人物、动物、设施、车辆、树木等多种配景的增添模拟了现实中的真实环境，让人有身临其境之感。

分镜头脚本中的景别决定了我们在分镜头中使用何种精度的配景模型。原则上，远景、中景、近景所使用的模型精度依次为低精度、中精度、高精度，当表现主体在画面内的面积越大、观众能够越清晰观察的情况下，要使用细节更精细、更显真实自然的模型来作为场景中的配景模型。

配景模型要根据相关方的要求和提供的资料进行相应增添，并且需要符合建筑本身的性质及特点，例如在陵园建筑中添加的配景应符合宁静、肃穆的环境要求，同时其周边建筑通常不会太过密集，这是根据现实生活中建筑的性质和功能所决定的。

在添加树木景观前，我们需要先将场景中的配楼模型载入到Lumion文件中，对于配楼模型可以在3ds MAX中进行处理。如图6-9所示，可以观察到建筑主体周边环境已经包含了一部分低精度的配楼，这部分配楼的模型面数少且多为简单体块，使我们能够快捷地在软件中进行配楼复制、移动和删除等修改工作。

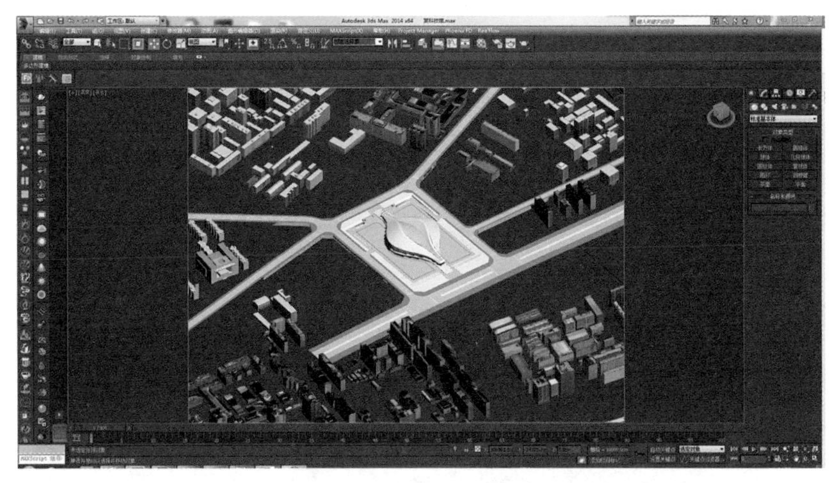

图6-9　增添低精度配楼模型

我们可以观察到建筑主体附近的配楼并没有进行增添，这是由于镜头最终形成的鸟瞰画面范围没有那么大，如图6-10所示，上述添加的为较远处的配楼，因此我们使用的是低精度模型，而没有进行增添配楼的部分最靠近镜头，在这里需要使用高精度模型。

图6-10　分镜头画面

增添高精度模型的方法有两种，第一种便是在3ds MAX内先对模型进行相应的复制和移动，然后导出模型文件至Lumion内，将文件和原文件进行模型对齐处理（图6-11）；第二种便是在网上下载专门的高精度Lumion配楼模型文件，将文件放入安装文档下Lumion文件夹内的Library文件夹中，便可以直接在Lumion内使用下载的高精度配楼模型。图6-12是在Lumion内直接放置了高精度配楼模型。

图6-11 导入合并低精度配楼模型

图6-12 放置高精度配楼模型

当配楼放置完毕后，接下来在场景中添加树木配景，树木配景包含两种类型，一种为行道树配景，另一种为景观树配景。行道树为道路两旁分布地较为整齐的树木，在摆放行道树时可以进行不等距布置，使得景观绿化更有层次和真实感；景观树的布置则遵循疏密有致、和谐统一的原则，一般在表现主体旁让景观树密集布置，远离表现中心处则对其做“疏”处理，并且密集处也要有所“留白”，不能给人“密不透风”之感。在布置景观树时，保持画面的协调统一很重要，特别是景观树的种类、颜色、体积有多种选择时，要围绕表现主体作合适的景观选用，将观众的视线牵引到重心，保持画面的整体和均衡。

Lumion具有强大的景观植物库和物体安置功能，当选择了想要放置的树木后，可以使用[物体][人群安置]功能布置一条摆放路径，如图6-13所示，可以通过修改路径上的树种、数量、方向等参数来快捷地进行行道树的摆放。该功能不仅适用于树木，还适用于Lumion素材库中的其他模型，这一功能操作简便，提高了模型放置的效率。如图6-14所示，通过使用该功能对场景中的行道树进行了摆放。

图6-13 “人群安置”功能

图6-14 摆放行道树

在进行景观树的布置时，可以按照由中心向四边扩散的摆放方式来布置树木。摆放时使用[放置物体]命令，这一命令使得我们可以更自由地对物体进行布置。如图6-15所示，在顶视图的视角下，先围绕表现主体、配楼周围来放置树木。

图6-15 围绕配楼附近的景观树布置

随后，再将景观树随机布置在场地中的空地处，做到树木的放置有疏有密，如图6-16所示，摆放完一类景观树后，为丰富画面的空间及层次感，我们可以再添加多种景观树。如果后面新增的树种体积较大，那么它在区域内的数量宜少不宜多；如果是小型树木，则可以“见缝插针”式地来摆放树木，如图6-17所示，可以很明显地观察到画面的视觉层次随着树木种类增多而提高了。

图6-16 场景空地处的景观树布置

图6-17 多种景观树布置

使用上述方法在鸟瞰镜头中添加景观树，最后效果如图6-18所示，在鸟瞰镜头中，因为模型场景范围较大，为了提高物体的放置效率，应在添加部分景观树后重新确认镜头动画的所视范围，避免将大量时间花在布置镜头外物体上，并且在远处的景观树木可以使用自然库中的[树丛]系列来代替，这能有效地减少大量树木放置的时间。这是在鸟瞰镜头中树木配景的摆放方式，其他镜头也可以参考。但需要注意的是，所添加的树木配景可能和已经设置好的镜头有所碰撞，因此在添加配景后要时不时地在分镜头动画中检查布置好的景观植物，并对位置有误的树木进行移动、删除等修改。

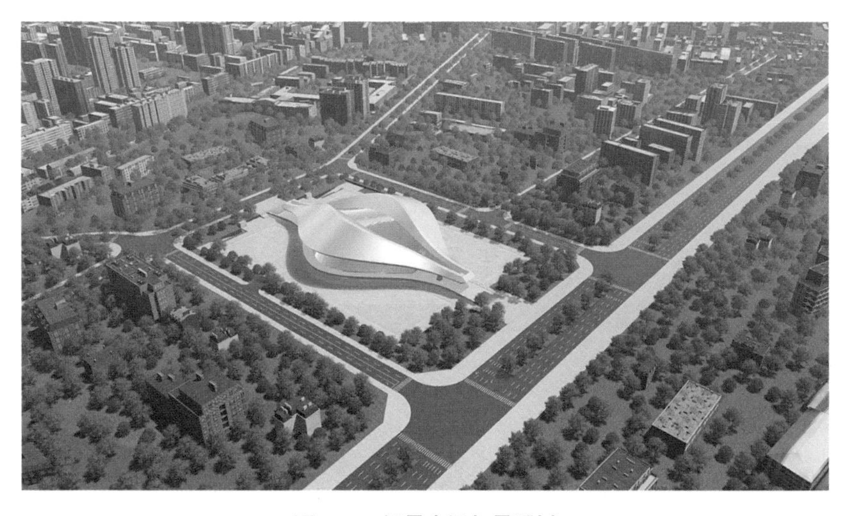

图6-18 场景中添加景观树

最后，直接使用Lumion自带的交通工具库和角色库中的模型来作为场景内的交通车辆及人物，这样便能够方便快捷地在场景中调用相关模型并进行使用，它们的布置可以参考上述树木的添加方式。同时，学会在Lumion内将不同类型的模型进行分层处理也是十分重要的，这便于我们对模型归类与管理，特别是在复杂的大场景下，可以通过隐藏大面积的配景模型来增快计算机的运行速度，从而使工作效率提高。另外，在软件的设置中，直接关闭[编辑器内的高素质树木]功能，降低画面中树木显示的精细程度，也能提高计算机的运行速度（图6-19）。

图6-19 [设置][编辑器内的高素质树木]功能

6.6 效果设置及材质细调

在进行效果设置时，Lumion内有自带的预设风格供我们直接使用，如图6-20和图6-21所示。这里直接调用了[黎明]及[颜色素描]风格对镜头进行了效果添加，我们能够观察到两种风格所表现的画面效果、烘托的环境氛围完全不同，导致它们之间最大的风格区别可能仅仅为一个效果或者一个参数的改变。在Lumion中，我们通常不会直接使用软件自带的效果，因为它往往满足不了我们对动画效果的需要。

图6-20 场景添加[黎明]风格效果

图6-21 场景添加[颜色素描]风格效果

当我们在进行建筑动画前期策划时就已经定下了整个动画的风格基调，建筑动画的动画类型、使用功能、展示场合决定了它们的色彩搭配、表现氛围及特点，要根据动画基调调整效果参数来改变动画的呈现效果，也可以在后期对建筑动画进行特效处理来吻合整个建筑动画的风格基调。

对于室外建筑动画，在效果添加时，第一个增加的特效为[太阳]，这一特效主要控制着画面内的光影方向和画面亮度，在调节太阳方向时，注意不要让建筑主体处在太阳背光面，也不要使太阳的角度和镜头呈同一方向，这样顺光的打光方式会使得画面内光影表现弱，从而无法表现建筑的体积感。动画内光和影的变化影响着整个建筑动画的氛围及意境，而太阳的参数设置则直接调节画面内的光影关系。如果制作室内动画，影响光影关系的还有各类人造光源。如图6-22所示，在鸟瞰镜头中添加并调整太阳特效后，能够较为明显地区分画面内的明暗关系，且建筑主体在画面中的视觉效果也比较突出。

图6-22　场景添加[太阳]特效

随后，我们在特效中增加[天空光照]效果，如图6-23所示，该效果的添加柔和了光照表现，使得建筑主体和周围环境更加融合，并让树木配景显得更真实自然。

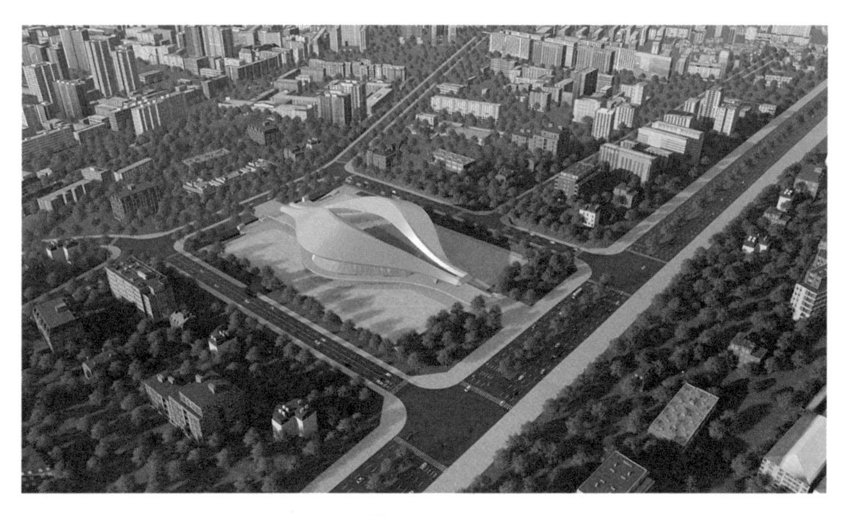

图6-23　场景添加[天空光照]特效

通过添加“阴影”效果来对场景中的阴影做调整，因为此处镜头为鸟瞰镜头，在这里将[太阳阴影范围]调整到最大，[室内/室外]值改成室外，适当调整[omnishadow]值，并且将[软阴影]和[细部阴影]的开关打开，然后进行渲染，如图6-24所示，可以观察到改变阴影参数后，远处景观的阴影关系更为明显。

图6-24　场景添加[阴影]特效

根据我们想要的效果，对镜头添加[模拟色彩实验室]和[颜色校正]特效，如图6-25和图6-26所示，镜头画面中的色彩基调在这里经过调整产生了较大的变化，我们可以根据需要选择[模拟色彩实验室]的风格，再添加[颜色校正]对画面的色彩基调进行调整。

图6-25　场景添加[模拟色彩实验室]特效

图6-26 场景添加[颜色校正]特效

下一步，添加[超光]特效来对场景中的阴影做进一步调整，[超光]影响了光照在空间内的反弹次数，如图6-27所示，场景的整体亮度随着[超光]的增强而提高，该效果对于画面调整十分重要。

图6-27 场景添加[超光]特效

在鸟瞰镜头中往往会添加[雾气]特效，该特效能够使得远景产生朦胧感和对地平线处的周围景物进行遮掩。如图6-28所示，画面中雾效的增加进一步模糊弱化了远处的景物，拉开了画面的空间感。雾气的添加也可以在后期中进行，而在动画内直接添加雾效可以使得场景中的建筑景物更显真实自然。同时，还可以添加[体积云]效果来对画面中的阴影面积进行调整，因为体积云的生成具有随机性，所以该特效的可控性较低。如图6-29所示，可以观察到画面内远处配楼被云朵的投影所覆盖，加强了场景中的光影对比，进一步弱化了配景。

图6-28 场景添加[雾气]特效

图6-29 场景添加[体积云]特效

接下来，对场景内的材质进行细调。在鸟瞰镜头中，主要调节的材质为草地、玻璃、铺地等，根据我们最终想要呈现的效果对材质的颜色、反射率、光泽等参数进行修改，并且在这个过程中可以结合[反射]效果来进行深入调节。考虑到表现建筑外部部分构造为玻璃幕墙的特点，为进一步强调、突出建筑主体形象，可以在建筑内部添加灯光来丰富画面效果，如图6-30所示，建筑主体在暖黄色灯光的衬托下显得更唯美、柔和，加强了画面的层次感和表现力。

图6-30 在建筑内部添加灯光

在播放分镜头动画片段时，可以发现镜头内的车辆、人物是不会移动的，这需要在特效中增加[群体移动][高级移动]或[移动]特效并对其进行调节，同时物体的移动变换需要符合现实逻辑，在调节的过程中，物体的移动不能对镜头发生遮挡，也不能相互之间产生碰撞。

最后，可以根据需要对镜头添加[淡入淡出][暗角][移轴摄影]等特效，如图6-31所示，添加的特效对画面的上下两边进行了模糊处理，使得处在画面中心的建筑主体视觉效果更为突出。

图6-31 场景添加[移轴摄影]特效

6.7 渲染输出

前面步骤进行完毕后，最后输出画面内容。渲染输出是在Lumion中进行动画制作的最后阶段。由于动画渲染时间较长，因此在渲染最终成果之前，需要对每个独立镜头进行检查，确定渲染内容无误后再进行最后渲染。Lumion渲染需要注意输出文件的路径不能含有中文字符，否则可能会存在输出内容出错的情况。

打开Lumion渲染面板，在面板上方有[整个片段][当前拍摄][图像序列][MyLumion]四项功能选择。[整个片段]，顾名思义，即渲染出的动画为独立完整片段；[当前拍摄]是渲染内容为一张当前镜头拍摄的静帧图片；[图像序列]则是将整个片段以连续静帧图的方式输出图片，这些图片需要通过后期合成才能形成一段视频。[MyLumion]是将渲染成果保存至线上的功能。

输出方式：动画可以选择[整个片段]或[图像序列]两种方式进行渲染，但值得注意的是，两种输出方式所渲染出来的效果具有一定差异。使用[图像序列]输出后的效果如图6-32所示，可以观察到画面中天空光照较亮，阴影部分细节与环境光效等效果得到了突出，整个画面亮度与精度更高；而使用[整个片段]渲染后的画面亮度较低，以及光线反弹不够导致阴影部分细节过少，效果如图6-33所示。

图6-32 [图像序列]渲染效果展示

图6-33　[整个片段]渲染效果展示

[整个片段]和[图像序列]两种输出方式在文件输出上也有所差异。[整个片段]的输出方式为镜头动画输出，如图6-34所示，若当片段还未完整输出时便因意外而停止渲染，那么剩下未渲染的片段无法继续输出，只能重新进行渲染；[图像序列]输出的为图片格式，如图6-35所示，停止渲染时已经输出的图片可以正常使用，再次输出只需重新选择所要输出的序列帧范围即可。

图6-34　Lumion输出面板（片段输出）

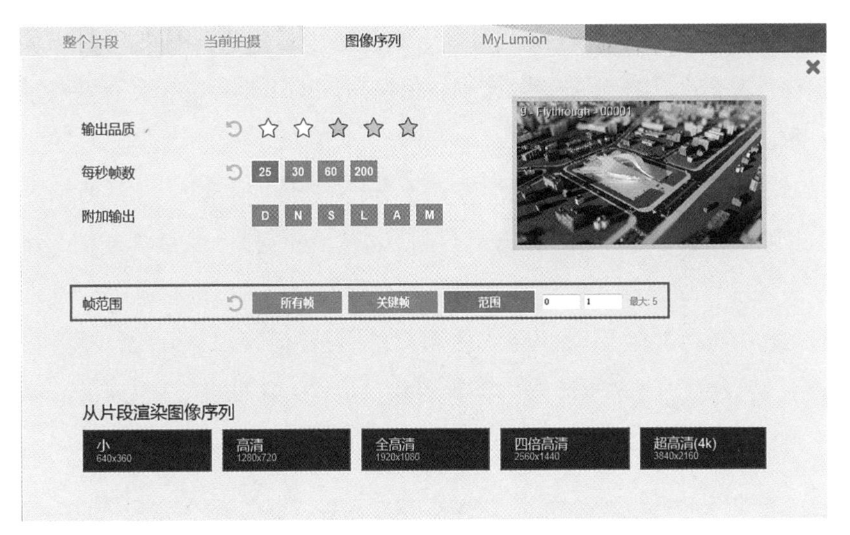

图6-35 Lumion输出面板（序列帧输出）

在渲染片段时，可以通过调节不同的参数来决定三种输出方式的画面效果，下面主要对[输出品质][每秒帧数][附加输出][帧范围]参数进行详细介绍。

[输出品质]：输出品质最高为五星，星数越多渲染质量越高，输出品质决定了渲染后图片的质量效果。输出品质的星级在三星及以上为高质量渲染，星级在两星及以下则为低质量渲染，它与高质量渲染效果有一定差距，具体如图6-36所示。高质量渲染与低质量渲染相比，在光线上高质量渲染后的图片更加柔和，物体轮廓更自然，以及路面材质受光线的影响更强、反射效果表现更佳，而低质量渲染后的效果锯齿较为明显，路面几乎没有反射效果。在做动画预览或时间紧急的情况下，我们选择低质量渲染便可以满足需要，但如果需要输出高清成品，选择高质量渲染才能保证清晰优质的画面效果，并且更能体现画面的细节。

图6-36 输出质量局部对比（左图为高质量，右图为低质量）

[每秒帧数]：每秒帧数即帧速率。一般影视作品的帧速率为每秒25帧，创作者可以根据作品需要选择合适的帧速率，但在后期编辑时，一定要保持各项内容的帧速率一致。

[附加输出]：[整个片段]的输出方式没有[附加输出]选项，[当前拍摄]和[图像序列]的输出方式有六个[附加输出]参数选择，分别为[保存深度图][保存法线图][保存高光反射通道图][保存灯光通道图][保存天空Alpha通道图]与[保持材质ID图]，一般在做静帧效果时会经常使用，特别是[保存材质ID图]功能，该功能可以使得我们能更快捷方便地选中某种材质。六个[附加输出]的通道渲染效果如图6-37～图6-39所示。

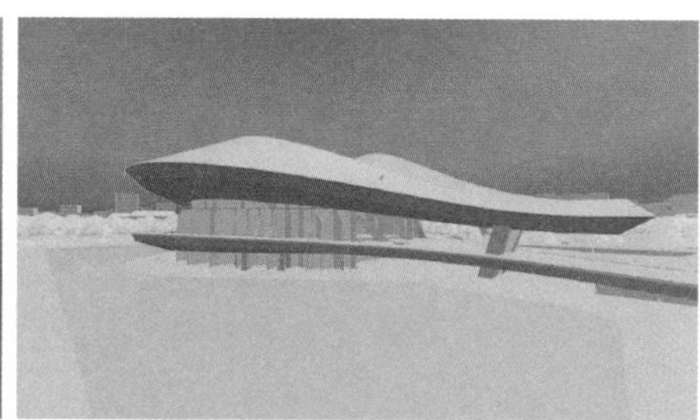

图6-37　深度图（左），法线图（右）

图6-38　高光反射通道图（左），灯光通道图（右）

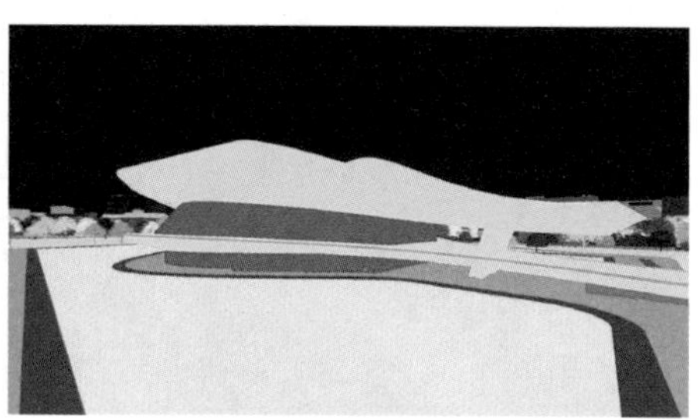

图6-39　天空Alpha通道图（左），保持材质ID图（右）

[帧范围]：在[图像序列]中，该功能的使用可以自定义我们所要输出的图片帧数。选择[帧范围]里的[所有帧]，输出的即为该镜头片段的所有动画帧数，[帧范围]下的[关键帧]为当前镜头下的静态帧，在[帧范围]中我们可以输出一段不超过该动画片段最大帧数的帧数范围。

在进行成果输出时，有五种渲染分辨率供选择。使用的画面分辨率越高，那么输出后的图片或动画画面越清晰，细节展示更为全面。考虑到在制作过程中，可能存在着大量的素材需要进行整合和包装，编者建议养成良好的素材分类及命名习惯，以便素材的后期快速查找和使用。

6.8 后期合成

待画面渲染完成后，接下来便进入建筑动画制作的最后一步——后期合成。后期合成主要分为两部分进行，分别是后期剪辑和后期包装。通过后期剪辑的方式使得我们对素材进行了进一步的筛选和分解，后期包装是对镜头片段做再加工处理。

在进行后期剪辑时，需要对各个分镜头动画进行粗剪和精剪处理。当使用[图像序列]的渲染方式进行成果输出后，需要将输出后的序列帧图片整合为一小段视频，该操作可在AE中进行，合成后的每个视频便是一个分镜头。若使用[整个片段]的输出方式则可直接跳过图片合成部分。下面以镜头动画在AE中进行剪辑为例，先新建一个合成，镜头片段的命名方式需要和分镜头动画脚本相统一。将每个独立镜头合成后，再根据脚本顺序对相应内容进行排序和剪辑处理，完成镜头动画的前期粗剪（图6-40）。

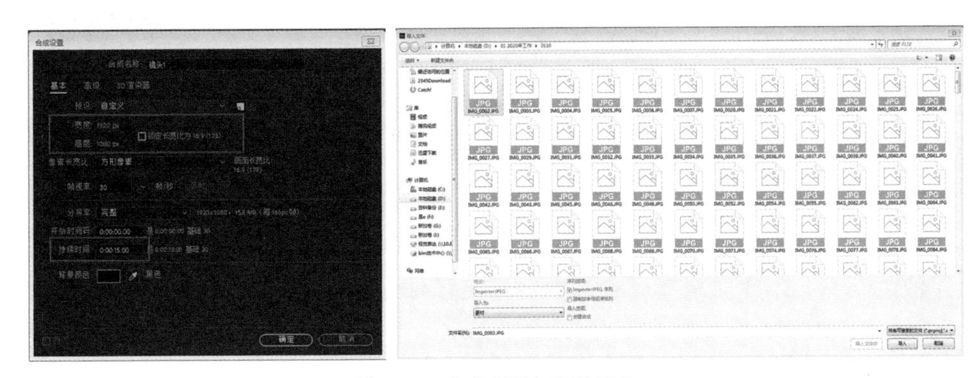

图6-40 合成设置与图片导入

建筑动画普遍可以分成片头、正片、片尾三部分。在进行动画包装时，每一个镜头需要根据分镜头脚本内容进行相应的加工制作，以及动画的画面风格决定了对图片、视频素材进行包装的方向，镜头脚本及风格的前期确定使得我们能够快速地开展下一步工作。下面以具体项目为例进行简单的过程展示。

以片头的制作流程为例，本案例所要展示的建筑主体为一个科技展览馆，建筑外形新颖，俯瞰造型似一只眼睛。由于本建筑和科技信息相关，因此画面基调色为蓝色，在进行动画包装时，我们需要思考如何在体现画面科技感的同时还能充分展示建筑主体的外观造型。基于该思考，使用AE粒子特效模拟建筑外部轮廓，并结合脚本制作系列分镜头，然后输出片段。

片头的前半部分主要运用AE-Particular粒子插件进行制作，效果如图6-41所示。可以观察到淡蓝色发光粒子在深色背景上的轨迹是对建筑轮廓的勾勒，在第四张图上，项目名称是通过素材的叠加与三维插件Element 3D制作的立体文字，背景则为动态素材叠加而成。另外，镜头光晕效果运用了光晕插件Optical Flares，以此制作眼睛瞳孔及运动的光点效果。

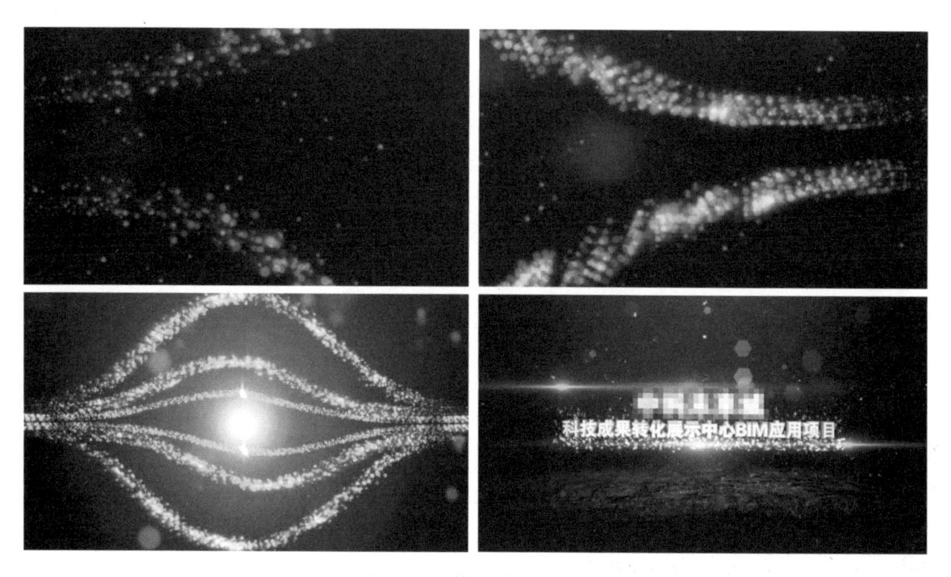

图6-41　片头效果展示

轮廓粒子制作简要流程：首先新建一个纯色图层，给图层添加Particular效果器，根据需求调节粒子的大小、透明度、数量等。案例中选择的粒子发射类型为盒子类型，这一发射类型能够让粒子有一定的体积感，如图6-42所示。新建一个灯光用来制作粒子路径，本案例中选择点光来勾勒光的运动路径，在Particular面板中找到并选择物理学属性中[气]选项下的运动路径，同时注意将灯光名称改成Motion Path X，X取决于所选择路径的数字。随后回到粒子层，将粒子发射器与灯光的起始位置重合，这个时候粒子会跟着灯光的路径运动，最后根据需要调节粒子的相关属性，得到最后的效果，如图6-43所示。

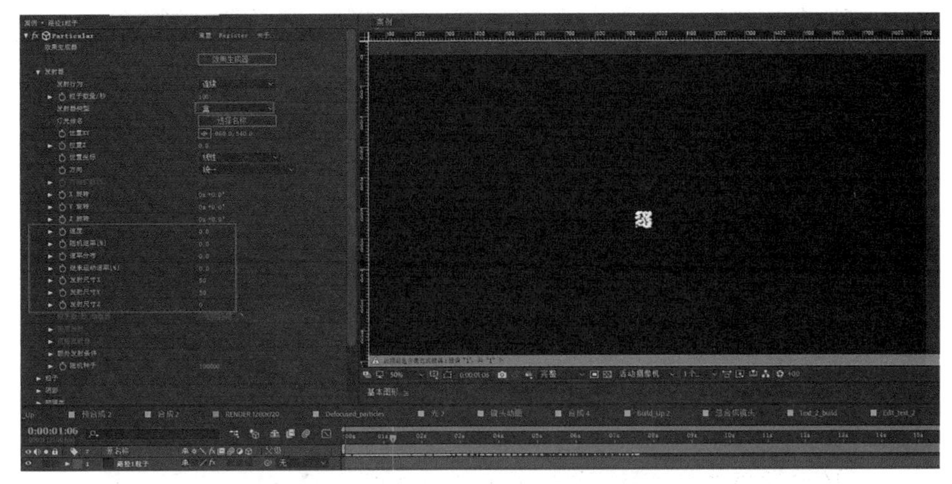

图6-42 片头粒子发射类型示例

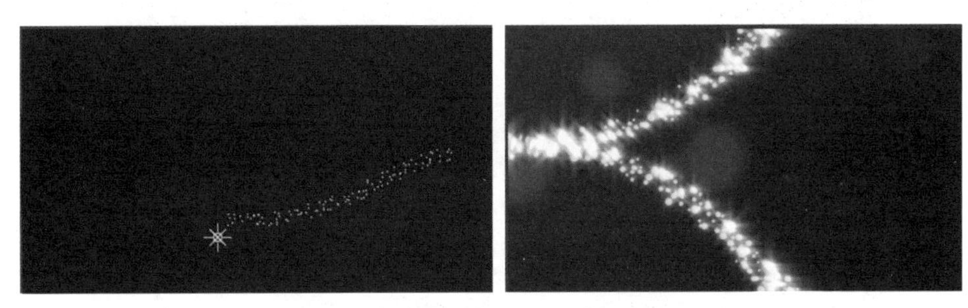

图6-43 片头粒子的运动路径和最后效果示例

以分镜头脚本的旁白及内容描述为主要依据做正片的相应后期包装。以某镜头为例，案例的旁白内容为“该项目为综合性会展建筑，主要由科技成果展示区、临时展示区、廊墙组成。”内容描述为“画面呈现建筑的各个区域板块，并按照旁白的顺序，使用科技感的线条框依次指示各区域。”该镜头在已渲染完成的建筑漫游动画上进行后期包装。本案例的指示内容包括指示线、文字及背景，主要会用到AE的形状图层及相关的裁剪、旋转、缩放、透明度等基础功能，文字的显示以动态文字为主，使用软件自带的文字运动效果即可。

线条生长制作简要流程：用形状或钢笔工具绘制需要的轮廓，在形状图层的内容添加部分增加[修剪路径]功能，根据具体的生长方向在开始或结束处做关键帧动画，动画生成后一般为匀速生长，可以根据展示的需要对速度进行调整。点开曲线面板，选择加速、减速或其他速度曲线，如图6-44所示，文字及其他装饰内容用基础工具即可完成，图6-45为最终展现效果。

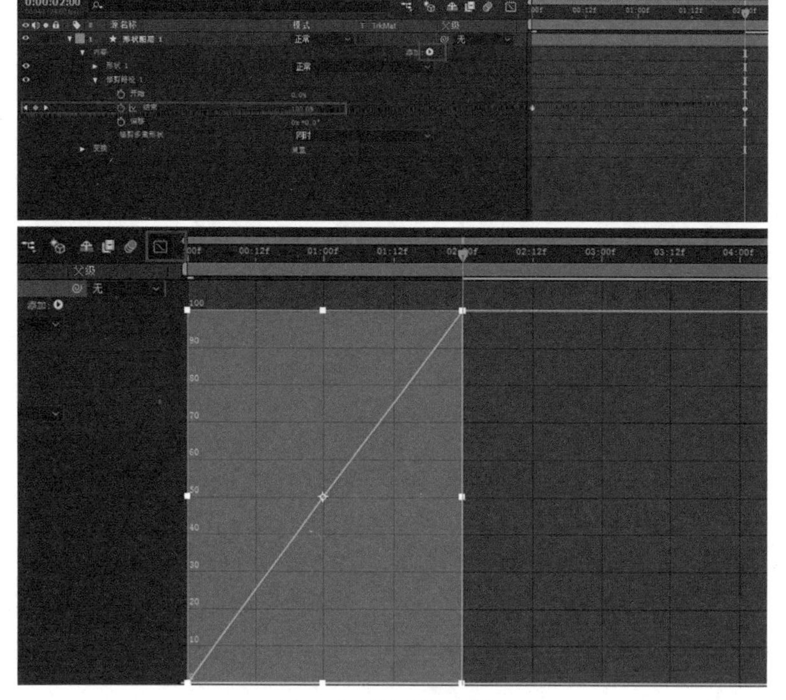

图6-44　指示线条制作

图6-45　指示展示效果图

片尾的制作可以参考片头，它的内容往往和片头相呼应。另外，片尾的制作形式还可以使用纯文字与黑色背景谢幕、黑场结束等多种方式。

当整个动画的后期包装制作完成后，进行动画的复剪阶段，在动画镜头片段中加入旁白配音、配乐，以此调整整个动画的画面节奏。复剪完成后，根据画面的整体内容展示，可以再进一步对部分内容进行调整。以及，在建筑动画中加入配音后，画面在配音的补充下更生动立体，创作者想要表达的感情和氛围愈浓厚。在精剪调整过后，整个建筑动画的后期制作部分便完成了（图6-46）。

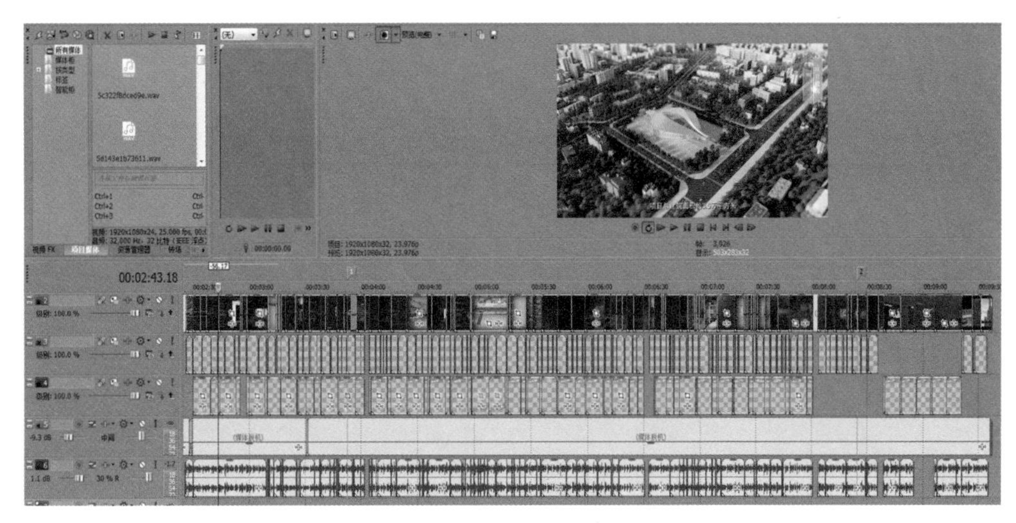

图6-46　Vegas编辑页面